"十二五"职业教育国家规划教材

经全国职业教育教材审定委员会审定

高等职业学校旅游类专业教材

酒水知识与调酒技术

（第二版）

边 昊 朱海燕 主 编

U0219784

中国轻工业出版社

图书在版编目（CIP）数据

酒水知识与调酒技术/边昊，朱海燕主编. —2版 .—北京：中国轻工业出版社，2019.7

高等职业学校旅游类专业教材

ISBN 978-7-5184-0412-4

Ⅰ.①酒⋯ Ⅱ.①边⋯ ②朱⋯ Ⅲ.①酒—基本知识—高等职业教育—教材②酒—勾兑—高等职业教育—教材 Ⅳ.①TS971 ②TS972.19

中国版本图书馆CIP数据核字（2015）第248432号

责任编辑：史祖福　秦　功

策划编辑：史祖福　　　责任终审：劳国强　　　封面设计：锋尚设计
版式设计：锋尚设计　　　责任校对：吴大鹏　　　责任监印：张　可

出版发行：中国轻工业出版社（北京东长安街6号，邮编：100740）

印　　刷：三河市万龙印装有限公司

经　　销：各地新华书店

版　　次：2019年7月第2版第5次印刷

开　　本：787×1092　1/16　印张：12.25

字　　数：270千字

书　　号：ISBN 978-7-5184-0412-4　定价：49.00元

邮购电话：010-65241695

发行电话：010-85119835　传真：85113293

网　　址：http：//www.chlip.com.cn

Email：club@chlip.com.cn

如发现图书残缺请与我社邮购联系调换

190794J2C205ZBW

随着经济的快速发展，人们的生活水平得到很大的提高，并且越来越重视提高生活品质，休闲和娱乐成为人们追求的生活目标。作为休闲、娱乐重要载体的酒吧是现代人较为青睐的场所。酒吧不仅在欧美发达国家是主要的社交、休闲场所，同时正以惊人的速度风靡亚洲各国。然而，我国的大多数酒吧对于从业者和旅游专业的学生来说，还是一个新鲜事物。因此，了解各种饮品的基本知识和服务方式，对提高旅游业的服务质量和管理水平起到重要作用。

本教材由两个模块、十一个项目组成。模块一是由酒水的一些基本知识组成，共分为五个项目，主要是酒水基础知识、非酒精饮料、蒸馏酒、酿造酒、配制酒以及各种酒的相关常识和服务方式；模块二主要是以酒吧和调酒为主体，分为六个项目，主要是调酒及调酒业简述、酒吧及酒吧员工简述、正确使用酒吧常用器具和设备、制作鸡尾酒、酒吧成本控制、水果拼盘的制作相关内容。本教材重点介绍了酒水的服务方式和一些著名的品牌，并配有大量的图片，具有很高的实用价值。此次修订主要是针对酒吧的工作设定具体的任务，在带领学生完成的过程中针对具体任务增设了评价标准。本教材主要的使用对象是高职院校的学生以及酒吧从业人员，同时也可供酒水爱好者阅读参考。

本教材由安徽工商职业学院边昊、朱海燕担任主编，并组织一些旅游院校的教师以及一些酒店的调酒师培训员共同编写。编写分工如下：模块一中项目二由上海东方佘山索菲特大酒店的调酒师培训员林春松编写；模块一中项目四、模块二中项目六由广西玉林师范学院李锐编写；模块二中项目一由安徽工商职业学院年婉琼编写；模块一中项目一、项目五、模块二中项目三由朱海燕编写；模块一中项目三、模块二中项目二、项目四、项目五由边昊编写。全书由边昊统稿总撰。

在本教材编写过程中，参考了国内外同行的相关著作，并得到上海东方佘山索菲特大酒店有关领导、安徽工商职业学院领导、广西玉林师范学院领导的大力支持，在此一并表示感谢。

由于编者的水平有限，随着行业迅速发展，专业知识有待及时更新等原因，本教材难免在体系、观点及论述过程中存在不足，期盼同仁及广大读者批评指正。

编者
2015 年 10 月

模块一　酒水知识

项目一　酒水基础知识⋯⋯⋯⋯⋯⋯⋯ 2
　　任务1　酒水、酒与酒精度⋯⋯⋯⋯⋯⋯ 3
　　任务2　酒的分类⋯⋯⋯⋯⋯⋯⋯⋯⋯ 6

项目二　非酒精饮料⋯⋯⋯⋯⋯⋯⋯ 11
　　任务1　碳酸饮料⋯⋯⋯⋯⋯⋯⋯⋯ 12
　　任务2　果蔬汁饮料⋯⋯⋯⋯⋯⋯⋯ 15
　　任务3　乳品饮料⋯⋯⋯⋯⋯⋯⋯⋯ 18
　　任务4　茶⋯⋯⋯⋯⋯⋯⋯⋯⋯⋯⋯ 20
　　任务5　咖啡⋯⋯⋯⋯⋯⋯⋯⋯⋯⋯ 26

项目三　蒸馏酒⋯⋯⋯⋯⋯⋯⋯⋯ 33
　　任务1　白兰地⋯⋯⋯⋯⋯⋯⋯⋯⋯ 34
　　任务2　威士忌⋯⋯⋯⋯⋯⋯⋯⋯⋯ 39
　　任务3　金酒⋯⋯⋯⋯⋯⋯⋯⋯⋯⋯ 45
　　任务4　伏特加⋯⋯⋯⋯⋯⋯⋯⋯⋯ 47
　　任务5　朗姆酒⋯⋯⋯⋯⋯⋯⋯⋯⋯ 51
　　任务6　特基拉⋯⋯⋯⋯⋯⋯⋯⋯⋯ 54
　　任务7　中国白酒⋯⋯⋯⋯⋯⋯⋯⋯ 56

项目四　酿造酒⋯⋯⋯⋯⋯⋯⋯⋯ 62
　　任务1　葡萄酒⋯⋯⋯⋯⋯⋯⋯⋯⋯ 63
　　任务2　啤酒⋯⋯⋯⋯⋯⋯⋯⋯⋯⋯ 81
　　任务3　黄酒⋯⋯⋯⋯⋯⋯⋯⋯⋯⋯ 87
　　任务4　清酒⋯⋯⋯⋯⋯⋯⋯⋯⋯⋯ 92

项目五　配制酒·························· 97

　　任务1　开胃酒（Aperitif）·········· 98

　　任务2　甜食酒（Dessert Wines）··· 101

　　任务3　利口酒（Liqueurs）········ 103

　　任务4　中国配制酒················· 109

模块二　酒吧与调酒

项目一　调酒及调酒业简述············114

　　任务1　调酒的产生和发展········· 115

　　任务2　调酒师职业··············· 117

项目二　酒吧及酒吧员工简述······ 125

　　任务1　酒吧概述················· 126

　　任务2　酒吧员工的岗位职责······ 129

　　任务3　酒吧服务程序和标准········ 134

项目三　正确使用酒吧常用器具
　　　　和设备 ················ 142

　　任务1　正确使用酒吧常用器具···· 143

　　任务2　正确使用酒吧常用设备······ 149

项目四　制作鸡尾酒················· 152

　　任务　制作一款鸡尾酒·············· 153

项目五　酒吧成本控制··············· 170

　　任务　设计酒水成本控制方案······ 171

项目六　水果拼盘的制作············· 179

　　任务　制作一款水果拼盘 ········· 180

参考文献·························· 189

模块一　酒水知识

P2 项目一
酒水基础知识

P11 项目二
非酒精饮料

P33 项目三
蒸馏酒

P62 项目四
酿造酒

P97 项目五
配制酒

项目一
酒水基础知识

■ 项目概述

　　主要讲述酒水的基础知识，以及酒的具体分类。为本教材酒水知识的纲领。

■ 项目学习目标

掌握酒水、酒和酒精的概念
了解酒精度的表示与换算
掌握酒的不同的分类方法
掌握酒按照生产工艺分类的内容

■ 项目主要内容

● 酒水、酒与酒精度
　什么是酒水
　酒与酒精
　酒精度表示与换算
● 酒的分类
　按照酒的生产工艺分类
　按照配餐方式和饮用方式分类
　按照酒精度分类

任务 1 酒水、酒与酒精度

【任务设立】

要求学生在了解酒水基本知识的基础上，能够从若干方面来评价酒水。

要求根据所学的知识，对酒进行评价，先品尝，后评价。形成600字左右的评价稿，分别从色、香、味、度这些方面来区分酒与酒之间的不同。

【任务目标】

通过完成此任务，帮助学生更好的掌握酒水知识，了解酒水之间的区别。

【任务要求】

要求老师现场指导，控制品尝的量。

要求学生分组完成此项任务，每组品尝2种不同的酒水，对其进行比较，完成评价稿。

要求实训室准备酒水和杯具。

【理论指导】

一、酒水基本知识

所谓酒水（Beverage）是人们日常生活中常说的饮料，是人们用餐、休闲及交流活动中不可缺少的饮品。酒水按照其是否含有酒精成分可以分为两类：一是酒，即酒精饮料；二是水，即无酒精饮料。

（一）酒精饮料

人们日常生活中常说的酒，就是酒精饮料（Alcoholic Drink），是指酒精浓度在0.5%~75.5%的饮料。它是一种比较特殊的饮料，是以含淀粉或糖质的谷物或水果为原料，经过发酵、蒸馏等工艺酿制而成。

酒是多种化学成分的混合物。其中，乙醇是主要成分。除此之外，还有水和众多的化学物质。这些化学物质包括酸、醛、醇等，尽管这些物质含量很低，但是决定了酒的质量和特色，所以这些物质在酒中的含量非常重要。酒精饮料因含有酒精成分，所以就带有一定的刺激性，能够使神经兴奋，麻醉大脑，是人们日常生活中重要的饮品。

（二）无酒精饮料

水是餐饮业的专业术语，指所有不含酒精的饮料或饮品，即无酒精饮料（Non-Alcoholic Drink）又称软饮料（Soft Drink），是指酒精浓度不超过0.5%（容量比）的提神解渴饮料。绝大多数无酒精饮料不含任何酒精成分，但也有极少数含有微量酒精成分，不过其作用也仅仅是调剂饮品的口味或改善饮品的风味而已。无酒精饮料是日常生活中补充人体水分的来源之一，碳酸饮料或其他的非碳酸饮料，如茶、咖啡、果汁和矿泉水等不仅能解渴，而且在饮用时还能产生舒畅的愉快感。

二、酒

（一）酒的由来

关于酒的起源历来众说纷纭。中国是世界上最早的酿酒国家之一。我国自古就有猿猴造酒的传说，说的是生活在山林中的猿猴将吃剩下的果子集中堆放起来，成熟的果子由于酵母菌等微生物的作用自然发酵，就酿成原始的酒。类似"猿猴造酒"的传说不仅局限于中国，法国也有鸟类衔食造酒的传说，说鸟将各种果实衔集在鸟巢里，久而久之便发酵成了酒。

人类是受到大自然的启发而开始酿酒的。比较有依据的说法有以下两种：一是酿酒始于周代的"杜康造酒"；二是始于夏朝的"仪狄造酒"。

人类用粮食酿酒大概在新石器时代。粮食的过剩，制陶业的发展，为大规模酿酒奠定了基础。人们制作了精细的陶瓷器具，用以盛载各种酒品并使好的酒能够长期保存。

人类经过长期的摸索和实践，酿酒技术越来越成熟，特别是17世纪，蒸馏技术应用在酿酒业上，使大批多种类、高质量的酒品得以酿制并长期保存。

（二）酒品风格

酒品的风格是由色、香、味、体等因素组成的。不同的酒品具有不同的风格，甚至同一酒品也会有不同的风格。

1. 色

色是人们首先接触到的酒品风格，红、橙、黄、绿、青、蓝、紫各种酒色应有尽有，而且变化层出不穷。酒品的色泽之所以如此繁多，有三个方面的原因。第一是大自然的造化；第二是生产过程中由于温度的变化，形态的改变等原因而使原料本色随之发生变化的自然生色；第三是增色。

酒的色泽千差万别，表现出的风格、情调也不尽相同。高品质的酒，其色泽应该能充分表露出酒品内在的质地和个性，使之观其色就会产生嗅其香和知其味的感觉。

2. 香

香是继色之后作用于人的感官的另一种风格。

酒品生产十分讲究香的幽雅，尤其是中国白酒生产香型的风格更为注重，人们甚至以酒品的香型特点来归纳划分中国白酒的品种。

酒在酿造过程中，发酵的环境对酒香也有极大的影响。特别是因为酒窖中含有各种各样的酿酒微生物，它们在生长和死亡过程中不断产生出各种有机物质和释放出各种气味，酒品风格的形成还受到酸、醇、酯等成分影响，另外酚类等单体成分比例的变化也会改变酒品的香味。

中国白酒的酒品风格有清香型、浓香型、酱香型、米香型和兼香型五大类。

3. 味

味是人们最关心、印象最深刻的酒品风格。酒味的好坏，基本上确定酒的身价。名酒佳酿味道优美、风格诱人。人们常常用甜、酸、苦、辛、咸、涩六味来评价酒品的口味风格。

（三）酒精

酒精学名"乙醇"（Ethyl Alcohol），是酒的最主要成分。乙醇的主要物理性质是：常温呈液态，无色透明，易挥发，易燃烧，沸点为78.3℃，溶点为-114℃，溶于水。不易感染杂菌，刺激性较强。可溶解酸、碱和少量油类，不溶解盐类。

三、酒精度

（一）酒精度的含义

酒精度是指乙醇在酒中的含量，即表示酒液中所含有的乙醇量的多少。

（二）酒精度的表示方式

目前国际上有三种酒精度的表示方法：国际标准酒精度（简称标准酒精度）、英制酒精度和美制酒精度。

1．标准酒精度（Alcohol% by volume）

标准酒精度指在20℃条件下，每100毫升酒液中含有的乙醇毫升数。这种表示法容易理解因而使用广泛。标准酒精度由法国著名化学家盖·吕萨克（Gay·Lusaka）发明，因此标准酒精度又称为盖·吕萨克酒精度（GL），用（V/V）表示。例如，12%（V/V）表示在100毫升酒液中含有12毫升的乙醇。

2．英制酒精度（Degrees of proof UK）

英国在1818年的58号法令中明确规定了饮料中酒精度的衡量标准。英国将衡量酒精度的标准含量称为proof。由于酒精的密度小于水，所以一定体积的酒精总是比相同体积的水轻。英国的酒精度定义：proof（即标准酒精含量）是设定在51℉（约10.6℃），比较相同体积的酒精饮料与水，在酒精饮料的重量是水重量的12/13前提下，酒精饮料的酒精度为1 proof。

即当酒精饮料的重量等于相同体积的水的重量的12/13时，它的酒精度定为1 proof。1 proof等于57.06%（V/V）的标准酒精度。英制酒精度使用sikes作为单位，1 proof等于100 sikes。

3．美制酒精度（Degrees of proof US）

相对于英制酒精度，美制酒精度就简单多了。美制酒精度的计算方法是在60℉（约15.6℃）；200毫升的酒液中所含有的纯酒精的毫升数。美制酒精度使用proof作为单位。美制酒精度大约是标准酒精度的2倍。例如，一杯酒精含量为40%（V/V）的伏特加酒，其美制酒精度是"80 proof"。

（三）酒精度的换算

通过标准酒精度与英制、美制酒精度的计算方法不难理解，如果忽略温度对酒精的影响，1标准酒精度表示的酒精浓度等于2美制酒精度所表示的酒精浓度。1标准酒精度表示的酒精浓度约等于1.75英制酒精度所表示的酒精浓度（sikes），而2美制酒精度表示的酒精浓度约等于1.75英制酒精度所表示的酒精浓度。从而总结出这三种表示方法的换算关系。因此，只要知道任何一种酒精度值，就可以换算出另外两种酒精度。

三种酒精度换算公式如下：

标准酒精度×1.75=英制酒精度

标准酒精度×2=美制酒精度

英制酒精度×8/7=美制酒精度

例如，英制酒精度的100 sikes是美制酒精度的114 proof，美制酒精度的100 proof则是英制酒精度的87.5 sikes。

【任务评价】

任务评估标准及其评估分值

评估指标	基本完成评估标准 评估分值60分	达到要求评估标准 评估分值40分	评估成绩100分
书写20分	认真规范12分	内容准确8分	
色20分	能够描述颜色12分	说明形成此色的原因8分	
香20分	说明香型12分	阐述香型的形成8分	
味20分	说明口味风格12分	阐述味的成因8分	
度20分	说明是哪种酒精度表示方法12分	能够换算成其他酒精度8分	

任务2 酒的分类

【任务设立】

要求学生在了解酒的分类方法的基础上，对酒进行描述。

要求根据所学的知识，对酒进行分类。分别从生产工艺、配餐和饮用方式、酒精度等方面对酒进行描述。

【任务目标】

通过完成此任务，帮助学生更好的掌握酒的知识，了解酒的形成和用途。

【任务要求】

要求老师进行理论指导，告知学生从哪些方面来描述酒。

要求学生分组完成此项任务，参观附近大型超市酒水区，了解市场上热销的酒水，选定一种酒，查阅相关资料，从生产工艺、产地、酒精度、饮用方式、适饮季节等方面来进行描述。

要求实训室准备各种酒，学生也可以自备。

【理论指导】

酒是一个庞大的家族，世界各地有成千上万个品种，有甜的、酸的、有色的、无色的、高度的、低度的，可谓五花八门，应有尽有。酒的分类方法也各不相同。例如：按生产工艺可分为酿造酒、蒸馏酒、配制酒；按生产原料可分为果类酒、谷物类酒等；按照商业习惯可分为白酒、黄酒、啤酒、葡萄酒等；按配餐方式可分为餐前酒、佐餐酒、餐后酒等。此外，还可以按照产品的产地、颜色、品种等方法进行分类。

下面介绍酒的几种主要分类方法。

一、按照酒的生产工艺分类

目前世界上比较流行的分类方法是按生产工艺将酒分成三大酒系，酒的生产方法通常有三种：酿造、蒸馏、配制，生产出来的酒也分别被称为酿造酒、蒸馏酒和混配酒。

（一）酿造酒（Fermented Wine）

所谓酿造酒，又称原汁酒，是在含有糖分的液体中加上酵母进行发酵而产生的含酒精饮料。其生产过程包括糖化、发酵、过滤、杀菌等。

酿造酒的主要原料是谷物和水果，其特点是含酒精量低，属于低度酒，例如用谷物发酵的啤酒一般酒精含量为3%~8%，果类的葡萄酒酒精含量为8%~14%。

酿造酒根据原料的不同可分为两大类：谷类酿造酒和果类酿造酒。

1. 谷类酿造酒

谷类酿造酒是指以谷物如大麦、糯米等作为酿酒原料生产的酒品，主要有啤酒和黄酒两大类。

（1）啤酒　啤酒是营养十分丰富的清凉饮料，素有"液体面包"之称，其主要生产原料是大麦。生产方法有上发酵和下发酵两种。

上发酵是啤酒在发酵过程中酵母上升，浮在酒液表面，进行激烈的分裂繁殖而起发酵作用。上发酵啤酒要求较高的发酵温度，因此上发酵又称高温发酵，国际上主要的上发酵品种有爱尔（Ale）淡啤酒、黑啤酒（Stout）等。

下发酵啤酒是酒液在发酵后期酵母下沉，形成沉淀，一般发酵温度较低，故又称为低温发酵。目前，世界上大多数国家都采用这种发酵方法酿造啤酒，我国很多啤酒也是利用此法生产的。

（2）黄酒　黄酒是中国特有的酿造种类。我国劳动人民在长期的辛勤劳作中积累了丰富的酿酒经验，创造了独特的黄酒酿造工艺。黄酒是以粮食（主要是大米和黍米）为原料，通过霉菌、酵母和细菌的共同作用酿成的一种低度压榨酒。

2. 果类酿造酒

果类酿造酒是以植物的果实为原料酿造而成的酒品，以葡萄酒为主要代表。

葡萄酒是以葡萄为原料，经发酵而制成的酒精饮料。葡萄是一种浆果，它富含果汁，拥有丰富的可发酵糖分，适度的酸，并且具有浓郁的芳香和鲜艳的色泽，是最适合酿酒的果品。

果类酿造酒除葡萄酒外，还有其他果酒。如苹果酒、橘子酒、山楂酒、梅酒等。

（二）蒸馏酒

凡以糖质或淀粉质为原料，经糖化、发酵、蒸馏而成的酒，统称为蒸馏酒。世界上目前蒸馏酒品种很多，较著名的有六种，即白兰地、金酒、威士忌、伏特加、朗姆酒和特基拉酒，被称为"世界六大著名蒸馏酒"。中国白酒也属于蒸馏酒类。根据生产原料的不同，蒸馏酒可分为谷类、果类、果杂类三大酒类。

1. 谷类蒸馏酒

（1）威士忌　以大麦、黑麦、玉米等为原料，麦芽作糖化剂，糖化发酵后蒸馏而成，然后在橡木桶中老熟，酒液呈琥珀色，口味微辣醇厚，酒精度在45°左右。目前国际上习惯将威士忌按产地分四类，即苏格兰威士忌、爱尔兰威士忌、美国威士忌和加拿大威士忌。

（2）金酒　又称杜松子酒，是用大麦、玉米为原料，加入杜松子蒸馏而成。酒精度在40°左右，酒液清澈透明，含有杜松子的清香。金酒原产于荷兰，目前比较流行的酒品有荷兰金酒和英国伦敦干金酒两种。

（3）伏特加　一般以马铃薯或玉米、大麦、黑麦等为原料，生产的蒸馏酒精，经活性炭处理，兑水稀释而成。酒精度在45°左右，以俄罗斯为主要产地。

（4）中国白酒　中国地大物博，白酒的品种繁多、风格多样，其分类方法也较复杂，一般可以有以下几种分法：按白酒香型分酱香、清香、米香、浓香和兼香型五大类；按使用的酒曲类型，分大曲酒、小曲酒等。

2. 果类蒸馏酒

白兰地是果类蒸馏酒的典型代表，白兰地因其蒸馏酒基不同而分为几大类，其中最主要的是以葡萄酒为酒基蒸馏而成，这类葡萄白兰地以法国的科涅克（Cognac）和阿玛涅克（Armagnac）最为著名。此外，还可以用其他果酒蒸馏成白兰地，如苹果白兰地（Calvados）、樱桃白兰地等。

3. 果杂类蒸馏酒

果杂类蒸馏酒主要是以植物的根茎、花叶等作原料，酿造、蒸馏而成的蒸馏酒，主要品种有朗姆酒（Rum）、特基拉（Tequila）等。朗姆酒用甘蔗糖汁发酵蒸馏而成，并经橡木桶陈酿，形成独特的香型。朗姆酒种类也较多，但目前比较流行的有淡色朗姆和深色朗姆两种，主要产地集中在西印度群岛、加勒比海地区。特基拉酒是墨西哥的国酒，它的主要酿酒原料是龙舌兰（Agave）植物。

（三）混配酒

混配酒即混合配制酒。混配酒也是一个庞大的酒系，它包括配制酒和混合酒两大体系。配制酒的诞生比其他单一的酒品要晚，但由于它更接近消费者的口味和偏好，因而发展较快。一般来说，配制酒主要有两种配制工艺，一是在酒与酒之间进行勾兑，还有一种是酒与非酒精物质（如固体、液体、气体）进行勾兑。配制酒的酒基可以是原汁酒也可以是蒸馏酒，还可以两者兼而有之。混合酒是一种由多种饮料混合而成的新型饮料，其主要代表是鸡尾酒。

配制酒种类繁多，风格各异，因而很难将之分门别类，但目前世界上较为流行的方法是将配制酒分为三大类，即开胃酒类、甜食酒类和利口酒类。混合酒只有鸡尾酒类一种。

1. 开胃酒

开胃酒可用于餐前饮用，起开胃作用的酒种有很多。由于现代旅馆餐饮业的发展，开胃酒逐渐被用于专指那些以葡萄酒和某些蒸馏酒为酒基生产的具有开胃功能的配制酒品。主要酒种包括味美思酒（Vermouth）、茴香酒（Anises）等。

（1）味美思　味美思主要以葡萄酒作为酒基，葡萄酒含量占80%，其他成分是各种各样的香料，因此，酒中有强烈的草本植物味道。它最初是由法国酿造，随后意大利、美国等也相继生产。

（2）茴香酒　茴香酒是用茴香油与食用酒精或蒸馏酒配制而成的酒。有无色和染色两种，一般酒精度在25°左右。茴香酒以法国生产的产品较为有名，目前较为有名的茴香酒有潘诺（Pernod）。

（3）苦酒（Bitter）　苦酒一般是用葡萄酒或食用酒精加药材配制而成，具有明显的苦味和药味，除开胃功能外，还有滋补作用。常见的开胃苦酒有安格斯特拉苦酒（Angostura Bitters）、金巴利（Campari）和杜波内（Dubonnet）等。

2. 甜食酒

甜食酒又称为餐后甜酒，是在西餐中协助甜品的饮品，口味较甜，主要以葡萄酒作为酒基进行配制。甜食酒品种较多，主要有波特酒（Port）、雪利酒（Sherry）等。

（1）波特酒　波特酒是葡萄牙的国宝，是用葡萄原汁酒与葡萄蒸馏酒勾兑而成的配制酒品。主要有红、白波特酒两种。较著名的酒品有Dow's（道斯）、Taylors（泰勒）等。

（2）雪利酒　雪利酒主要产于西班牙的加的斯地区，但最受英国人的喜爱。它是用加的斯所产葡萄酒为酒基，勾兑当地的葡萄蒸馏酒而成。一般分为两种，即芬诺（Fino）和奥鲁罗索。

3. 利口酒

利口酒又称为香甜酒，是以食用酒精或蒸馏酒为酒基，加入形形色色的调香物品配制而成，它的生产方法可以是酒精浸抽，蒸馏提香，也可以加入精制糖浆而成，是一种香气浓郁、酒精度较高（30°~40°）和高糖度（30%~50%）的酒精饮料，大多用于餐后甜酒或调制鸡尾酒。

利口酒因其生产方法不同、加香材料各异，因而酒品的种类也很多，但综合其加香材料，可以大致归纳为两大类，即果料利口酒类和草料利口酒类。

果料利口酒主要是水果的果皮或果实浸制而成，具有口味清爽新鲜的风格特点，比较著名的柑橘类利口酒、樱桃白兰地等都属于果料利口酒类。

草料利口酒是以草本植物为配制原料，生产工艺复杂，这类利口酒具有健胃、强身、助消化等功效。利口酒中有名的酒品有修士酒等。

此外，利口酒还有奶油、种子、蛋黄酒类等。

4. 鸡尾酒（Cocktail）

鸡尾酒是色、香、味、形俱全的艺术酒品，它由两种或两种以上的材料调制而成，是现代社交场合最受欢迎的混合酒品。鸡尾酒类世界可谓多姿多彩、名目繁多，品种成千上万，而且还在不断创新和发展。其分类方法多种多样，本教材将在后面专门介绍。

二、按照配餐方式和饮用方式分类

按西餐配餐的方式分类，酒水可分为餐前酒、佐餐酒、甜食酒、餐后甜酒、烈酒、啤酒、软饮料和混合饮料（包括鸡尾酒）八类。

（1）餐前酒　也称开胃酒（Aperitif），是指在餐前饮用、能刺激人的胃口使人增加食欲的饮料，开胃酒通常用药材浸制而成。

（2）佐餐酒　也称葡萄酒（Wine），是西餐配餐的主要酒类。外国人就餐时一般只喝佐餐酒不喝其他酒。佐餐酒包括红葡萄酒、白葡萄酒、玫瑰红葡萄酒和汽酒，是用新鲜的葡萄汁发酵制成的，其中含有酒精、天然色素、脂肪、维生素、糖类、矿物质、酸和单宁酸等营养成分，对人体非常有益。

（3）甜食酒（Dessert Wine）　一般是在佐助甜食时饮用的酒品。其口味较甜，常以葡萄酒为基酒加葡萄蒸馏酒配制而成。

（4）餐后甜酒（Liqueurs）　是餐后饮用的糖分很多的酒类，人喝了后有帮助消化的作用。这类酒有多种口味，原材料有两种类型：果料类和植物类。果料类包括：水果、果仁、果籽等；植物类包括：药草、茎叶类植物、香料植物等。制作时用烈酒加入各种配料（果料或植物）和糖配制而成。

（5）烈酒（Spirit）　是指酒精度在40°以上的酒。这类酒主要包括金酒（Gin）、威士忌（Whisky）、白兰地（Brandy）、朗姆酒（Rum）、伏特加（Vodka）和特基拉酒（Tequila）。烈酒除了威士忌和白兰地是陈年佳酿外，其他多数用于在酒吧中净饮和混合其他饮料饮用或调制鸡尾酒。

（6）啤酒（Beer）　是用麦芽、水、酵母和啤酒花直接发酵制成的低度酒，被人们称为"液体面包"，含有酒精、糖类、维生素、蛋白质、二氧化碳和多种矿物质，营养丰富、美味可口，最为人们所喜爱。

（7）软饮料（Soft Drink）　指所有无酒精饮料，品种繁多，在酒吧中泛指三类：汽水、果汁和矿泉水。

（8）混合饮料与鸡尾酒（Mixed Drink and Cocktails）　由两种以上的酒水混合而成，通常在餐前饮用或在酒吧中饮用。

三、按照酒精度分类

1. 低度酒

低度酒的酒精度在15°及以下。根据酒的生产工艺，酒来源于原料中的糖与酵母的化学反应。发酵酒的酒精度，通常不会超过15°。当发酵酒的酒精度达到15°时，酒中的酵母全部被乙醇杀死，因此低度酒常指发酵酒。例如，葡萄酒的酒精度约12°，啤酒的酒精度约4.5°。

2. 中度酒

通常人们将酒精度在16°～37°的酒称为中度酒。这种酒常由葡萄酒加少量烈性酒调配而成。

3. 高度酒

高度酒也称为烈性酒，指酒精度在38°及以上的蒸馏酒。不同国家和地区对酒中的酒精度有不同的认识。我国将38°及以下的酒称作低度酒。而有些国家将20°及以上的酒称为烈性酒。

项目小结

项目一系统介绍了酒水的含义，酒与酒精的关系，酒精的物理特征，酒精度的三种表示方法及它们之间的换算方式，系统介绍了酒的几种不同的分类方法，重点阐述了酒按照生产工艺分类的方法。

实验实训

组织学生分组参观本地一家大型超市的酒水区，让学生对区域内的酒水，从分类到品名等都有一些直观的了解和感受。

任务评估标准及其评估分值

评估指标	基本完成评估标准 评估分值60分	达到要求评估标准 评估分值40分	评估成绩100分
语言表达20分	声音洪亮、清晰12分	内容正确8分	
仪态20分	仪态规范12分	动作优美，富有表现力8分	
生产工艺20分	说明原料和生产方法12分	细节描述到位8分	
配餐和饮用方式20分	说明用餐中适合饮用的时机12分	说明配餐营养价值8分	
酒精度20分	高中低进行描述12分	拓展说明8分	

思考与练习题

1．什么是酒水？
2．试析酒与酒精的概念及其区别。
3．什么是标准酒精度？
4．简述酒按照生产工艺的不同分类。
5．简述酒按照配餐方式和饮用方式的分类。

项目二
非酒精饮料

■ 项目概述

    主要介绍非酒精饮料的基础知识，通过本项目的学习使学生掌握非酒精饮料的相关知识。

■ 项目学习目标

掌握茶的种类与名品
了解其他无酒精饮料
了解咖啡的起源、品种、饮用
熟悉世界著名咖啡品牌

■ 项目主要内容

- 茶
  茶叶的种类
  茶的饮用
  品茶与茶道
- 咖啡
  咖啡树、咖啡花和咖啡豆
  世界著名的咖啡品种
  咖啡的主要产地
  咖啡的饮用
- 其他饮料
  碳酸饮料
  矿泉水
  鲜果汁
  冷冻饮品

任务 **1** 碳酸饮料

【任务设立】

本任务要求学生在了解碳酸饮料的主要原料、种类和服务操作的基础上，来区分碳酸饮料的异同。

要求学生任取2款饮品，通过看标签成分说明，品尝饮料来体味其中的差别，用语言描述对人体的危害。

【任务目标】

帮助学生了解各种碳酸饮料的成分。

帮助学生正确认识各种碳酸饮料，了解对人体的不良影响。

提醒学生适量饮用碳酸饮料。

【任务要求】

要求学生在实训室井然有序地完成实训项目。

要求实训室准备各种碳酸饮品，学生也可自备。

【理论指导】

碳酸饮料是在经过纯化的饮用水中压入二氧化碳气体的饮料的总称，又叫汽水。当饮用时，泡沫多而细腻，清凉爽口。

一、碳酸饮料的主要原料

碳酸饮料的原料大体上可分为饮料用水、二氧化碳和食品添加剂三大类，这些原料的品质优劣直接影响产品的质量。

（一）饮料用水

一般来说，饮料用水应当无色、无异味、清澈透明、无悬浮物、无沉淀物，总硬度在8度以下，pH为7，重金属含量不得超过指标。碳酸饮料中水的含量在90%以上，故水质的优劣对产品质量影响非常大，即使经过严格处理的自来水，也要再经过合适的处理才能作为饮料用水。

以下是一些世界著名的矿泉水（图1-2-1～图1-2-3）：

（二）二氧化碳

碳酸饮料中的"碳酸气"就是来自于被压入的压缩二氧化碳气体。饮用碳酸饮料，实际是饮用一定浓度的碳酸。气体生产所用的二氧化碳气体一般都是用钢瓶包装、被压缩成液态的二氧化碳，通常也要经过处理才能使用。

（三）食品添加剂

从广义上讲，可把除水和二氧化碳以外的各种原料视为添加剂。碳酸饮料生产中常用的食品添

图1-2-1　法国依云矿泉水　　　　图1-2-2　中国崂山矿泉水　　　　图1-2-3　意大利圣培露天然矿泉水

加剂有甜味剂、酸味剂、香味剂、着色剂、防腐剂等。正确合理地选择、使用添加剂，可使碳酸饮料的色、香、味俱佳。

二、碳酸饮料的种类

按照我国软饮料的分类标准，碳酸饮料分为：普通型、果味型、果汁型、可乐型。

（一）普通型

普通型碳酸饮料是通过饮用水加工压入二氧化碳，饮料中既不含有人工合成香料又不使用任何天然香料。常见的有苏打水（Soda）（图1-2-4）以及矿泉水碳酸饮料，如：伏斯（VOSS）、巴黎水（Perrier）（图1-2-5）等。

图1-2-4　苏打水　　　　　　　　图1-2-5　巴黎水

（二）果味型

这主要是依靠食用香精和着色剂产生一定水果香味和色泽的汽水。这类汽水所含原果汁的量低于2.5%，色泽鲜艳、价格低廉，一般只起清凉解渴的作用。人们几乎可以用不同的食用香精和着色剂来模仿任何水果的香型和色泽，制造出各种果味汽水，如柠檬味汽水、苹果味汽水和干姜水（Ginger Ale）等。

（三）果汁型

这类饮料是添加了一定量的新鲜果汁而制成的碳酸水，一般果汁含量大于2.5%，小于10%。它除了具有相应水果所特有的色、香、味之外，还含有一定的营养素，有利于身体健康。当前，在饮料向营养型发展的趋势中，果汁汽水的生产量也大为增加，越来越受到人们的欢迎。常见的有鲜橙汽水、蜜瓜饮料等。

（四）可乐型

可乐型碳酸饮料（图1-2-6）是将多种香料与天然果汁、焦糖色素混合后压入二氧化碳气体而成的饮料。风靡全球的"可口可乐"添加了具有兴奋神经作用的高剂量的咖啡因和可乐豆提取物及其他独具风味的物质。目前我国可乐饮料都是以当地水果、药用植物或其他野生资源为原料，经过科学加工配制而成，大多不含或只含少量咖啡因，主要是由某些植物的浸出液所代替，例如"非常可乐"，该品牌风味独特，深受国内消费者的欢迎。

图1-2-6　可乐型碳酸饮料

三、碳酸饮料对人体的负面影响

碳酸饮料深受大家喜爱，尤其是孩子们和"年轻一族"。但喝碳酸饮料要讲究个"度"。碳酸饮料在一定程度上影响人们的健康，主要表现有以下几点。

（一）对骨骼的影响

碳酸饮料的成分大部分都含有磷酸，这类磷酸却会潜移默化地影响骨骼，常喝碳酸饮料骨骼健康就会受到威胁。大量磷酸的摄入就会影响钙的吸收，引起钙磷比例失调，一旦钙缺失，对于处在生长过程中的少年儿童身体损害非常大。

（二）对人体免疫力的影响

为了便于保存，富于诱人的口感，现在的饮料离不开食品添加剂。营养学家认为，健康的人体血液应该呈碱性，而目前饮料中添加碳酸、乳酸、柠檬酸等酸性物质较多，又由于近年来人们摄入的肉、鱼、禽等动物性食物比重越来越大，许多人的血液呈酸性，如再摄入较多酸性物质，使血液长期处于酸性状态，不利于血液循环，人容易疲劳，免疫力下降。

（三）对消化功能的影响

研究表明，足量的二氧化碳在饮料中能起到杀菌、抑菌作用，还能通过蒸发带走体内热量，起到降温作用。不过，如果碳酸饮料喝得太多对肠胃是没有好处的，而且还会影响消化。所以，消化系统就会受到破坏。

此外，碳酸饮料饮用过量，还会对牙齿以及神经系统产生负面影响。

四、碳酸饮料的服务操作

（一）碳酸饮料机操作

一般酒吧都安装有碳酸饮料机，也称可乐机，其作用包括：一是直接用于碳酸饮料的服务；二是用于制作混合饮料的某些成分。

（二）碳酸饮料服务操作

瓶装和罐装碳酸饮料是酒吧常用的饮品，不仅便于运输、储存，而且冰镇后的口感较好，保存碳酸气体时间较长。瓶装和罐装碳酸饮料服务应注意以下几点。

（1）碳酸饮料在使用前注意保质期，避免使用过期饮品。

（2）直接饮用的碳酸饮料应事先冰镇，或者在饮用杯中加入冰块，碳酸饮料只有在4~8℃时才能发挥正常口味，增强口感。开瓶时不能摇动，避免饮料喷出。

（3）碳酸饮料常可以加入柠檬片一起饮用，碳酸饮料还是混合饮料不可缺少的辅料，同样鸡尾酒的制作少不了碳酸饮料。

（4）用餐过程中不宜用碳酸饮料代替酒水使用，否则会影响人体对食物的消化吸收。

任务评估标准及其评估分值

评估指标	基本完成评估标准 评估分值60分	达到要求评估标准 评估分值40分	评估成绩100分
语言表达30分	声音洪亮、清晰18分	流畅，语速适当，语言动听12分	
仪态30分	仪态规范，表情自然舒展18分	动作优美，富有表现力12分	
内容40分	正确，说明对人体的危害24分	完整，体现差别16分	

任务2 果蔬汁饮料

【任务设立】

本任务要求学生在了解果蔬汁饮料的种类、特点和服务操作的基础上，制作一杯果蔬汁饮品，并为此款饮品命名，说明其营养价值。

【任务目标】

帮助学生提高动手能力。

帮助学生在制作的过程中正确认识各种果蔬的营养价值和最佳饮食方法。

提醒学生健康饮食。

【任务要求】

要求教师现场指导，保证操作安全。

要求学生按规范操作，注意细节，保证饮品健康卫生。

要求实训室准备器具、设备和原料。

【理论指导】

果汁和蔬菜汁是以天然的新鲜水果和蔬菜为原料制成的饮品。果蔬汁饮料富含易被人体吸收的营养成分，有的还有医疗保健功效。果蔬汁饮料都具有水果和蔬菜原有的风味，酸甜可口，色泽鲜艳，芬芳诱人。

一、果蔬汁饮料的种类

果蔬饮料可分为天然果汁、果汁饮料、果肉果汁、浓缩果汁以及蔬菜汁等。

（1）天然果汁　指经过一定方法将水果加工制成未经发酵的汁液，具有原水果果肉的色泽、风味和可溶性固形物成分，果汁含量为100%。

（2）果汁饮料　指在果汁中加入水、糖水、酸味剂、色素等调制而成的单一果汁或混合果汁制品。成品中果汁含量不低于10%，如橙汁饮料、菠萝饮料、苹果饮料。

（3）果肉果汁　指含有少量的细碎果粒的饮料，如果粒橙等。

（4）浓缩果汁　指需要加水进行稀释的浓缩果汁。浓缩果汁中原果占50%以上，如浓缩柠檬汁等。

（5）蔬菜汁　指加入水果汁和香料的各种蔬菜汁，如番茄汁等。

二、果蔬汁饮料的特点

果蔬汁饮料之所以赢得了越来越多的人们的喜爱，是因为它具有与众不同的特点。

（1）悦目的色泽　不同品种的果实，在成熟之后都会呈现出各种不同的鲜艳色泽。既是果实的成熟标志，也是区别不同种类果实的特征。

（2）迷人的芳香　各种果实均有其固有的香气，特别是随着果实的成熟，香气日趋浓郁。

（3）怡人的味道　果蔬汁饮料的味道主要来自糖和酸等成分。果汁中糖分和酸分以符合天然水果的比例组合，构成最佳糖酸比，给人以怡人的味觉感受。

（4）丰富的营养　新鲜果蔬汁中含有丰富的矿物质、维生素、蛋白质、叶绿素、氨基酸、胡萝卜素等人体所需的多种维生素和微量元素，其中有些成分如叶绿素，目前人类仍无法合成，唯有直接从绿叶蔬菜中摄取。

三、果蔬饮料的制作原则

1. 选料新鲜

果汁饮料之所以深受人们欢迎，是因为它既具有色、香、味，又富有营养，有益于身体健康。果汁的原料是新鲜水果。原料质量的优劣将直接影响果汁的品质，因此，对制作果汁的水果原料有以下几项基本要求。

（1）充分成熟　这是对果汁原料的基本要求。不成熟的果实由于碳水化合物含量少而味道酸涩，难以保证果汁的香味和甜度，加之色泽晦暗，没有相应的水果特征，颜色也使果汁失去了美感。过分成熟的果实也会影响果汁的风味。只有充分成熟的水果，才色泽好、香味浓、含糖量高、易于取汁。

（2）无腐烂现象　任何一种腐烂现象，都会使水果风味变坏，会污染果汁，导致果汁的变质。即使是少量的腐烂果实，也可能造成十分严重的后果。

（3）无病虫害、机械伤　有病虫害的水果，风味已大为改变，有些还有异味，若用来榨取果汁，势必影响果汁的风味。带有机械伤的水果，因表皮受到损坏，容易受到微生物污染、变色、变质，会对果汁带来潜在的不良影响。

2. 充分清洗

在制作过程中果汁被微生物污染的原因很多，但一般认为果汁中的微生物主要来自原料，因此对原料进行清洗是很关键的一步。此外，有些水果在成长过程中喷洒过农药，残留在果皮上的农药会在加工过程中进入果汁，以致对人体产生危害。因此必须对这样的果实进行特殊处理。一般可用0.5%～1.5%的盐酸溶液或0.1%的高锰酸钾溶液浸泡数分钟，再用清水洗净。

3. 榨汁前的处理

果实的汁液存在于果实组织的细胞中，制取果汁时需要将之分离出来。为了节约原料，提高经济效益，应该想方设法提高出汁率。通常可采取以下方法。

（1）选择高效的榨汁机（图1-2-7）　高效的榨汁机可以提高果汁的出水率。

（2）合理的破碎　破碎是提高出汁率的主要途径，特别是皮、肉致密的果实更需要破碎，果实破碎使果肉组织外露，为取汁做好了充分的准备。应使破碎的果实大小块均匀，不带果实的心籽，并选择高效率的榨汁机。

（3）适当的热处理　有些果实（如苹果、樱桃）含果胶量多，汁液黏稠，榨汁较困难，为了使汁液易于流出，在破碎后需要进行适当的热处理，即在60~70℃的温水中浸泡20分钟左右。通过热处理可使细胞质中的蛋白质凝固，改变细胞的半透性，使果肉软化、果胶物质水解，有利于色素和风味物质的溶出，并能提高出汁率。

图1-2-7　榨汁机

4．注意品种的搭配

所有的水果和蔬菜都有它本身特殊的风味，其中部分口感难以被人们接受，尤其是青菜汁的青涩口味问题。对付青涩味的传统方法就是通过品种搭配来调味。调味主要是用天然水果来调整果蔬汁中的酸甜味，这样可以保持饮料的天然风味，营养成分又不会受到破坏。比如：增加甜味，除了蜂蜜和糖外，还可以选用甜度比较高的苹果汁、梨汁等。天然柠檬汁含有丰富的维生素C，它的强烈酸味可以压住菜汁中的青涩味，使之变得美味可口。另外，果蔬汁中加鸡蛋黄也能调节口味，还可增加营养、消除疲劳和增加体力。

5．合理地使用辅料

作为日常饮料的果蔬汁多以水果或蔬菜为基料，加水、甜味剂、酸味剂配制而成，也可用浓果蔬汁加水稀释，再调配而成。饮料配制成功与否要看酸甜比掌握得如何，甜酸适口就需要使用好调味料。

（1）水　要用优质的水，如自来水口感差，可用矿泉水，水量适中。

（2）甜味剂　最好用含糖量高的水果来调味，也可用少量砂糖或蜂蜜等。

（3）酸味物　用天然的柠檬、酸橙等柑橘类含酸量高的水果。

6．防止果蔬的褐变

天然果蔬在加工中经机械切片或破碎后，或者在储存的过程中，易使原有的悦目的色泽变暗，甚至变为深褐色，这种现象称为褐变。为了防止果蔬汁在储存过程中发生褐变，所以尽可能加入一些防止变色的抗氧化剂，如维生素C等。可以先把维生素C锤碎，放入要盛装的器皿，然后榨汁搅拌均匀即可多放置一段时间。

四、果蔬汁饮料的服务操作

1．鲜榨果汁和鲜果汁

鲜榨果汁指待客人需要时用榨汁机鲜榨出来的果汁，鲜榨果汁要密封低温保存，待客人需要时及时供应，一般鲜榨果汁可以冰镇但不加冰，加冰后会稀释果汁浓度，影响口味。鲜榨果汁一般都会在载杯上装饰，以达到美观效果，在酒吧更是作为区分鲜榨果汁和鲜果汁标志。在酒吧一般鲜果汁直接从冰箱取出倒入杯中，服务中得注意保质期。鲜果汁一般不装饰，根据客人需要是否给予吸管。

2．单一果汁和混合果汁

单一果汁是指一种水果汁供给客人饮用。混合果汁在酒吧又叫自选果汁，根据客人需要用两种或几种果汁兑合在一起饮用。

3．果汁用于鸡尾酒的调制

许多鸡尾酒的调制离不开果汁，果汁适合各种鸡尾酒调制方法。

4. 果蔬汁饮料的种类

果蔬汁饮料的种类很多，常见的有：

西柚汁 Grapefruit Juice	草莓汁 Strawberry Juice	葡萄汁 Grape Juice	桃汁 Peach Juice	西瓜汁 Watermelon Juice	柠檬汁 Lemon Juice
苹果汁 Apple Juice	椰子汁 Coconut Juice	杏汁 Apricot Juice	杧果汁 Mango Juice	甘蔗汁 Sugar Juice	红石榴汁 Grenadine Juice
梨汁 Pear Juice	菠萝汁 Pineapple Juice	橙汁 Orange Juice	番茄汁 Tomato Juice	青柠汁 Lime Juice	

果蔬饮料不仅仅是在倡导一种营养的平衡，更重要的是在引领一种观念、一种生活时尚。低糖、无糖型的、健康、营养果汁饮料越来越受到人们的欢迎，成为未来的发展趋势。

【任务评价】

任务评估标准及其评估分值

评估指标	基本完成评估标准 评估分值60分	达到要求评估标准 评估分值40分	评估成绩100分
命名20分	与饮品匹配12分	有创意8分	
操作30分	仪态规范，表情自然舒展18分	注意细节，讲究卫生12分	
装饰20分	和谐，有观赏性12分	精致，赏心悦目8分	
品质30	口感良好18分	富有营养12分	

任务3 乳品饮料

【任务设立】

本任务要求学生在了解乳品饮料相关知识的基础上，规范完成热奶、酸奶、冰奶的服务规程。

【任务目标】

帮助学生认识不同的乳制品的营养价值。

帮助学生学会不同乳制品的服务操作。

要求教师现场指导，保证操作安全。

要求学生按规范操作，注意细节，保证乳制品的最高营养价值。

要求实训室准备器具、设备和原料。

乳品饮料，一般是指以牛乳加工成的饮料的总称。乳品饮料含有丰富的营养成分，易被人体消化吸收，属于营养价值高的健康饮品。

一、乳品饮料的分类

乳品饮料根据配料不同，可分为纯牛乳和含乳饮料两种，国家标准要求含乳饮料中牛乳的含量不得低于30%。乳品饮料常见的有以下几类。

（一）纯鲜牛乳（Fresh Milk）

纯鲜牛乳大多采用巴氏消毒法，即将牛乳加热至60~63℃并维持此温度30分钟，既能杀死全部致病菌，又能保持牛乳的营养成分，杀菌效果可达99%。另外，还采用高温短时消毒法，即在80~85℃下用10~15秒，或72~75℃下用16~40秒处理杀菌。新鲜牛乳呈乳白色或稍带微黄色，有新鲜牛乳固有的香味，无异味，呈均匀的流体状，无沉淀、无凝结、无杂质、无异物、无黏稠现象。纯鲜牛乳有以下几种。

（1）无脂牛乳（Skim Milk）　把牛乳中的脂肪脱掉，使其含量仅为0.5%左右。

（2）强化牛乳（Fortified Milk）　在无脂或低脂牛乳中增加了脂溶性维生素A、维生素B、维生素D、维生素E等营养成分。

（3）加味牛乳（Flavored Milk）　牛乳中增加了有特殊风味的原料，改变了普通牛乳的味道。

（二）乳脂饮料（Cream）

乳脂饮料是指牛乳中所含脂肪较高（脂肪含量为10%～40%）的饮品。常见有以下几种。

（1）奶油（Whipping Cream）　脂肪含量在30%～40%，常作其他饮料的配料。

（2）餐桌乳品（Light Cream）　脂肪含量在16%～22%，通常用来作咖啡的伴饮。

（3）乳饮料（Half~and~Half）　脂肪含量在10%～12%。

（三）发酵乳饮

酸牛乳是用纯牛乳经发酵方法制成的，可以分为纯酸牛乳、调味酸牛乳和果料酸牛乳。鲜牛乳经杀菌、降温、加特定的乳酸菌发酵剂，再经均质或不均质恒温发酵、冷却、包装等工序制成的产品称发酵乳制品。优质酸奶呈乳白色或淡黄色，凝结细腻，无气泡。口味甜酸可口，有香味。

（1）酸乳（Sour Cream）　用脂肪含量在18%以上的乳品，加入乳酸发酵后，再加入特定的甜味料，使其具有苹果、菠萝和特殊风味的酸乳饮料。

（2）酸奶（Yogurt）　酸奶是一种有较高营养价值的特殊风味的饮料，它是以牛乳等为原料，经乳酸菌发酵而成的产品，这种产品的钙质最易被人体吸收。酸奶能够增强食欲，刺激肠道蠕动，促进机体的物质代谢从而增进人体健康。另外，酸奶可加入水果等成分制成风味酸奶。

（四）冰淇淋

冰淇淋是以牛乳或其制品为主要原料，加入糖类、蛋品、香料及稳定剂，经混合配制、杀菌冷冻成为松软状的冷冻食品，具有鲜艳色泽，浓郁的香味和细腻的组织，是一种营养价值很高的夏令饮品。冰淇淋的种类很多。按颜色可分为单色、双色和多色冰淇淋；按风味分类有以下几种。

（1）奶油冰淇淋　脂肪含量8%~16%，总干物质含量33%~42%，糖分含量14%~18%。

（2）牛奶冰淇淋　脂肪含量5%~8%，总干物质含量32%~34%。

（3）果味冰淇淋　脂肪含量3%~5%，总干物质含量28%~32%。

（4）水果冰淇淋。

（五）含乳饮料

含乳饮料是以乳粉为原料，加以蔗糖、有机酸、糖精、香料配制而成的乳品饮料。可分为配制型与发酵型两种。

二、乳品饮料的服务操作

（一）乳品饮料储存方法

（1）乳品饮料在室温下容易腐坏变质，应冷藏在4℃的温度下。

（2）牛乳易吸收异味，冷藏时应包装严密，并与有刺激性气味的食品隔离。

（3）牛乳冷藏时间不宜过长，应每天采用新鲜牛乳。

（4）冰淇淋应该冷藏在−18℃以下。

（二）乳品饮料的服务操作

（1）热奶服务　热奶流行于早餐桌上和冬令时节，将奶加热至77℃左右，用预热过的杯子盛装。牛奶加热过程中不宜放糖，否则牛奶和糖在高温下的结合物——果糖基赖氨酸，会严重破坏牛奶中蛋白质的营养价值。

（2）冰奶服务　牛乳大多是冰凉饮用，应该把消毒后的牛乳放在4℃以下的冷藏柜中待用。

（3）酸奶服务　酸奶在低温下饮用风味俱佳。若非加热不可，请千万不要将酸奶直接加热，可将酸奶放在温水中缓缓加热，上限以不超过人的体温为宜。酸奶应低温保存，而且存放时间不宜过长。

【任务评价】

任务评估标准及其评估分值

评估指标	基本完成评估标准 评估分值60分	达到要求评估标准 评估分值40分	评估成绩100分
动作50分	动作规范30分	动作舒展优美20分	
方式50分	方式正确，安全卫生30分	注意细节，保证营养20分	

任务4　茶

【任务设立】

本任务要求学生在了解茶的功效和冲泡方法的基础上，规范冲泡一杯茶，并介绍此茶的特点和功效。

帮助学生学会各种茶的冲泡方法。

帮助学生了解茶文化，领悟茶道。

要求教师现场指导，保证操作安全。

要求学生按规范操作，注意细节，保证茶的品质。

要求实训室准备茶具和茶叶。

一、茶的起源及发展

中国是世界上最早发现、种植和利用茶的国家，是茶的故乡。茶被我们祖先发现利用已经有五千多年的历史。茶最早作为食用和药用，饮用是在食用、药用的基础上形成的。最早记载茶的是《神农本草经》："神农尝百草，日遇七十二毒，得茶（茶）而解之。"

中国历来有"茶兴于唐而盛于宋"之说，中唐时期，陆羽《茶经》的问世使茶文化发展到一个空前的高度，标志着唐代茶文化的形成。《茶经》是中国历史上，也是世界历史上第一部茶文化专著，概括了茶的自然和人文科学双重内容，首次把饮茶作为一门艺术，并且把儒、道、佛三教的思想文化融入饮茶中，首创中国茶道精神。因此，陆羽也被后人称为"茶圣"。

在我国，茶是公认的"国饮"。"开门七件事，柴米油盐酱醋茶""文人七件宝，琴棋书画诗酒茶"。人们敬茶爱茶、习茶品茶、以茶待客、以茶会友，从而形成一种具有深刻文化内涵的艺术，即茶艺。茶艺是茶道的载体，茶道是茶文化的核心，又是茶艺的指导思想和灵魂。

如今，茶已成为风靡世界的三大无酒精饮料之一。全世界已有50多个国家种茶，有120多个国家的20亿人有饮茶习惯。中国是茶的发祥地，被誉为"茶的故乡"。世界各国，凡提到茶，无不与中国联系在一起，茶乃是中华民族五千年悠久文化的组成部分，是中国的骄傲。

二、茶的分类

我国所生产的基本茶类分为绿茶、红茶、乌龙茶、黄茶、白茶和黑茶六类。

1. 绿茶

属于不发酵茶，具有自然清香、味美、形美、耐冲泡等特点。

代表产品：西湖龙井、洞庭碧螺春、信阳毛尖、黄山毛峰、太平猴魁、庐山云雾。

2. 红茶

属于全发酵茶，红叶红汤、香气浓郁带甜、滋味甘醇和鲜爽是红茶具有的特点。

代表产品：祁门红茶、滇红、川红、宁红、荔枝红茶。

3. 乌龙茶

属于半发酵茶，适当发酵，使叶缘呈红色，叶片中间为绿色，三分红七分绿，美其名曰"绿叶红镶边"。乌龙茶既有绿茶之清鲜，花茶之芳香，又有红茶之甘醇。乌龙茶还有分解脂肪、减肥健美等功效，深受人们喜爱。乌龙茶在六类茶中工艺最复杂费时，泡法也最讲究，所以喝乌龙茶也被人称为喝功夫茶。

代表产品：铁观音、水仙、大红袍、武夷岩茶。

4. 黄茶

属于微发酵茶，芽叶细嫩，色泽金黄、油嫩有光。黄叶黄汤，汤色橙黄明亮，香气清纯、滋味甜爽，十分可人。

代表产品：君山银针、蒙顶黄芽、广东大叶青等。

5. 白茶

属于轻发酵茶，白茶是我国的特产。因成品茶多为芽头，满披白毫，色白隐绿，素有"银妆素裹"之美感，有清热降火之功效。

代表产品：白牡丹、白毫银针、安吉白茶。

6. 黑茶

属于厚发酵茶，品种丰富，是大叶种等茶树的粗老硬叶或鲜叶经厚发酵制成，茶叶呈暗褐色、叶粗、梗多、茶汤黄褐色、香气浓郁、滋味醇厚。茶性温和，耐泡、耐煮、耐存放、具有解毒、降血脂、减肥、健胃、醒酒等功效。各种黑茶的紧压茶是藏族、蒙古族和维吾尔族等兄弟民族日常生活的必需品。

代表产品：云南普洱茶、广西六堡茶、安化黑茶、重庆沱茶。

三、茶叶的基本成分及功效

茶叶有生津止渴，提神解乏；杀菌消炎，利尿止泻；清热解毒，消食减肥；强心降压，预防辐射、抗癌、抗衰老等功效。每天适量饮茶，对人体健康有很多益处，故茶叶称之为天然保健饮料是名副其实的。

现在科学研究证实，茶叶含有大量的营养成分和药效成分，其中与人体健康关系密切的主要成分有以下几种。

1. 茶多酚

茶叶中的多酚类物质由30种以上的酚类物质组成，通称茶多酚。茶多酚具有抗氧化、防止血管硬化、降血脂、抗菌杀菌、防辐射、抗癌、抗衰老等多种功效。

2. 生物碱

茶叶中的生物碱包括咖啡碱、茶碱、可可碱、嘌呤碱等。生物碱具有兴奋大脑神经和促进心脏功能作用，还有消除疲劳、提高工作效率、强心利尿、增强新陈代谢等效用。

3. 矿物质

茶叶含有的无机物质为4%~9%，多半能溶于热水中而被人体吸收利用。其中主要有钾、钙、磷、镁、铁、锰、铜、锌、钠、铝、硼、硫、氟、硒等元素，这些无机盐对维持人体内的平衡有重要意义，比如氟有护齿强骨的作用，锌可以促进儿童生长发育，铁可以防止贫血，硒有抗癌、保护心肌的功效。

4. 维生素

茶叶中含有丰富的维生素类，其含量占干物质总量的0.6%~1%。维生素是机体维持正常代谢所必需的一种物质，比如：维生素C有防止坏血病、增强抵抗力、促进伤口愈合、促进脂肪氧化、防止动脉硬化等作用。

5. 糖类

茶叶中的糖类含量多在40%左右，有葡萄糖、果糖、蔗糖、麦芽糖、淀粉、纤维素、果胶等。

此外茶叶还含芳香物质、蛋白质、酯类化合物、有机酸、卵磷脂、酶类、天然色素等成分。

四、冲泡茶的五大要素

冲泡一杯好茶，不仅要考虑茶本身的品质，而且要考虑冲泡茶所用水的水质、茶具的选用、茶的用量、冲泡水温及冲泡的时间五个要素。

要沏出好茶，茶叶的选择是至关重要的：

春天，新茶，显示雅致。

夏天，绿茶，碧绿清澈，清凉透心。

秋天，花茶，花香茶色，惹人喜爱。

冬季，红茶，色调温存，暖人胸怀。

一般红茶、绿茶的选择，应注重"新、干、匀、香、净"五个字。

1. 泡茶用水

泡茶用水要求水甘而洁、活而清鲜，一般都用自来水。自来水是经过净化后的天然水，凡达到饮用水的卫生标准的自来水都适于泡茶。

2. 茶具的使用

茶具，主要指茶杯、茶碗、茶壶、茶盏、茶碟、托盘等饮茶用具。茶具种类繁多、各具特色，要根据茶的种类和饮茶习惯来选用。下面对各种茶具作简单介绍。

（1）玻璃茶具　玻璃质地透明，晶莹光泽。

（2）瓷器茶具　包括白瓷茶具、青瓷茶具和黑瓷茶具等。瓷器茶具传热不快、保温适中，对茶不会发生化学反应，沏茶能获得较好的色香味，而且造型美观、装饰精巧，具有一定的艺术欣赏价值。

（3）陶器茶具　最好的当属紫砂茶具，造型雅致、色泽古朴，用来沏茶则香味醇和、汤色澄清、保温性能好，即使夏天茶汤也不易变质（图1-2-8）。

（4）茶壶　以不上釉的陶制品为上，瓷和玻璃次之，陶器上有许多肉眼看不见的细小气孔，不但能透气，还能吸收茶香。每次泡茶时，将平日吸收的精华散发出来，更添香气。

（5）茶杯　对茶杯的要求是内部以素瓷为宜，浅色的杯底可以让饮用者清楚地判断茶汤色泽。另外茶杯宜浅不宜深，如此则不但可让饮茶者不需仰头就可将茶饮尽，还有利于茶香的飘溢。

图1-2-8　陶器茶具

乌龙茶多用紫砂茶具。功夫红茶和红碎茶，一般用瓷壶或紫砂壶冲泡，然后倒入杯中饮用；名品绿茶用晶莹剔透的玻璃杯最理想，杯中轻雾飘渺、澄清碧绿、芽叶朵朵、亭亭玉立，观之赏心悦目，别有风趣。

3. 茶叶用量

泡茶的关键技术之一就是要掌握好茶叶放入量与水的比例关系。茶叶用量是指每杯或每壶放适当分量的茶叶。一般要求冲泡一杯绿茶或红茶时茶与水的比例为1：50~1：60。乌龙茶的茶叶用量为壶容积的二分之一以上。

4. 泡茶水温

水温高低是影响茶叶水溶性物质溶出比例和香气成分挥发的重要因素。一般水温愈高，溶解度愈高，茶汤就愈浓。水温低，茶叶的滋味成分不能充分溶出，香味成分也不能充分散发出来。但水温过高，尤其加盖长时间闷泡嫩芽茶时易造成汤色和嫩芽黄变，汤色也变得浑浊。高级绿茶特别是细嫩的名茶，茶叶越嫩、越绿，冲泡水温越是要低，一般以80℃左右为宜。泡饮各种花茶、红茶和中低档绿茶则要95℃的沸水。乌龙茶每次用茶量较多，而且茶叶粗老，必须用100℃的沸滚开水冲泡。有时为了保持和提高水温还要在冲泡前用开水烫热茶具，冲泡后在壶外淋热水。

5. 冲泡时间和次数

红茶和绿茶将茶叶放入杯中后，先倒入少量开水，以浸没茶叶为度，加盖3分钟左右，再加开水到七八成满，便可趁热饮用。但喝到杯中尚余30%左右茶汤时再加开水，这样可使前后茶汤浓度比较均匀。

一般茶叶泡第一次时可溶性物质能浸出50%~55%，泡第二次能浸出30%，泡第三次能浸出10%，泡第四次则所剩无几了，所以通常以冲泡三次为宜。

乌龙茶宜用小型紫砂壶。在用茶量较多情况下，第一泡1分钟就要倒出，第二泡1分15秒，第三泡1分40秒，第四泡2分15秒，这样前后茶汤浓度比较均匀。

五、茶的冲泡操作要领

（一）绿茶泡饮法

绿茶泡饮一般采用玻璃杯泡饮法、瓷杯泡饮法或茶壶泡饮法。

1. 玻璃杯泡饮法

高级绿茶嫩度高，最好用透明玻璃杯泡饮，方能显出茶叶的品质特色，便于观赏。其操作方法有两种：一是"上投法"，用来冲泡外形紧结重实的名茶如龙井、碧螺春、庐山云雾、都匀毛尖等。先将茶杯洗净后冲入85~90℃的开水，然后取出投入，不需加盖。二是"中投法"，泡饮茶条松展的名茶，如黄山毛峰、六安瓜片、太平猴魁等即在干茶欣赏之后，取茶入杯，冲入90℃开水至杯容量的30%时，稍停2分钟，待干茶吸水伸展后再冲水至满。

2. 瓷器泡饮法

中高档绿茶用瓷质茶杯冲泡，能使茶叶中的有效成分浸出，可得到较浓的茶汤。一般先观察茶叶的色、香、形后入杯冲泡，可取"中投法"或"下投法"，用下投法泡茶的方法是先将茶投入杯中，再用95~100℃开水泡饮，盖上杯盖以防香气散逸，保持水温以利茶身开展、加速沉至杯底，待3~5分钟后开盖、嗅茶香、尝茶味、视茶汤浓度程度，饮至三开即可。

（二）红茶的泡饮法

红茶的泡饮法，可用杯饮法或壶饮法，一般功夫红茶、小种红茶和袋泡红茶大多采用杯饮法。另外，红茶现在流行一种调饮法，即在茶汤中加入调料以佐汤味的一种调饮方法。比较常见的是在红茶茶汤中加入糖、牛奶、柠檬片、咖啡、蜂蜜或香槟酒等调料。

（三）乌龙茶泡饮法

泡饮乌龙茶必须具备以下几个条件：首先选用高中档乌龙茶，其次配备一套专门的茶具。泡乌龙茶有套传统方法：

1. 预热茶具

泡茶前先用沸水把茶壶、茶盘、茶杯等淋洗一遍，在泡饮过程中还要不断淋洗，使茶具保持清洁和相当的热度。

2. 放入茶叶

把茶叶按粗细分开，先取碎末填壶底，再盖上粗条，把中小叶排在最上面，这样既耐泡又可使茶汤清澈。

3. 茶洗

接着用开水冲茶，循边缘缓缓冲入，形成圈子。冲水时要使用开水由高处注下，并使壶内茶叶打滚，全面而均匀地吸水。当水刚漫过茶叶时，立即将水倒掉，把茶叶表面尘污洗去，使茶的真味得到充分体现。

4. 冲泡

茶洗过后，立即冲泡第二次，水量约九成，盖上壶盖后，再用沸水淋壶身，这时茶盘中的积水涨到壶的中部，使其里外受热，只有这样，茶叶的精美真味才能浸泡出来。

5. 斟茶

传统的方法是先用开水烫杯，用拇、食、中三指操作，食指轻压壶顶盖珠，中、拇二指紧夹壶后把手。开始斟茶时，用"关公巡城法"使茶汤轮流注入几只杯中，每杯先倒一半，周而复始，逐渐加至八成，使每杯茶汤气味均匀。

6. 品饮

首先拿着茶杯从鼻端慢慢移至嘴边，趁热闻香，再尝其味。然后把残留杯底的茶汤顺手倒入茶盘，再把茶杯轻轻放下。接着由主人烫杯，进行第二次斟茶。

根据民间经验，因乌龙茶的单宁酸和咖啡碱含量较高，有三种情况不能饮：一是空腹不能饮，否则会有饥肠辘辘、头晕眼花的感觉；二是睡前不能饮，饮后容易引起兴奋，影响休息；三是冷茶不能饮，乌龙茶冷后性寒，饮之伤胃。

（四）花茶泡饮方法

泡饮花茶，首先欣赏花茶的外观形态，取泡一杯的茶量，放在洁净无味的白纸上，干嗅花茶香气，察看茶胚的质量，取得花茶质量的初步印象。

对于冲泡花茶，胚特别细嫩的花茶如茉莉毛峰，宜用透明玻璃杯，冲泡时置杯于茶盘内，取花茶2~3克入杯，用90℃开水冲泡，随即加上杯盖，以防香气散失。泡3分钟后，揭开杯盖一侧，以口吸气鼻呼气相配合，品茶的茶味和汤中香气后咽下，称为"口品"。三开后茶味已淡，不再续饮。

六、茶的服务注意事项

不同茶类的饮用方法尽管有所不同，但可以相互通用，只是人们在品饮时，对各种茶的要求不一样，如绿茶讲究清香，红茶讲求浓鲜。总体来说，对各种茶都需要讲究一个"醇"字，这就是茶的固有本色。在茶的饮用服务过程中应注意以下几项。

（1）茶具在使用前，一定要洗净、擦干。

（2）添加茶叶时切勿用手抓，应用茶匙、羊角匙、不锈钢匙来取，忌用铁匙。

（3）撮茶时，逐步添加为宜，不要一次放入过多，如果茶叶过量，取回的茶叶千万不要再倒入茶罐，应弃去或单独存放。

【任务评价】

任务评估标准及其评估分值

评估指标	基本完成评估标准 评估分值60分	达到要求评估标准 评估分值40分	评估成绩100分
茶具选用20分	正确12分	讲究茶具品质8分	
茶叶用量10分	与水比例正确6分	保证茶的观赏性4分	
水温10分	正确6分	能够讲究水质4分	
操作20分	规范12分	精致，赏心悦目8分	
仪态20分	舒展自然12分	自信优雅8分	
介绍20分	内容正确，表达流畅12分	语音动听，语速控制得当8分	

【任务设立】

本任务要求学生在了解咖啡的营养、制作及饮用方式的基础上，制作一杯咖啡饮品，并给此款饮品命名，说明功效及营养价值。

【任务目标】

帮助学生提高动手能力，在调制咖啡过程中巩固对咖啡饮品的认识。

帮助学生熟悉各种器具，了解咖啡文化。

提醒学生健康饮用咖啡。

【任务要求】

要求教师现场指导，保证操作安全。

要求学生按规范操作，注意细节，保证咖啡饮品品质。

要求实训室准备器具、设备和原料。

【理论指导】

"咖啡"（Coffee）一词源自希腊语"Kaweh"，意思是"力量与热情"。咖啡与茶叶、可可并称为世界三大饮料。咖啡原产于非洲的埃塞俄比亚，对于它的发现有许多不同的说法，其中人们最能接受的说法是：约在三千年前，一个牧羊人看到他所放的羊吃了一种无名灌木的果实之后兴奋、激动、跑跳不停，于是，牧羊人也亲口尝了这种无名的果实，结果同样感到精神振奋。人们用咖啡代替酒类的做法很快地传播开来。"咖啡"是当地地名的音译。

一、咖啡树、咖啡花和咖啡豆

咖啡树属常绿灌木，通常适合种植于海拔1000米到2000米的干热高原地带。一般树高约3米，甚至可以达10米以上，播种后要经过三四年才结果。咖啡树并非只有一个品种，普通栽培的可分为阿拉比加种、利比利加种和罗姆斯达种三种。这三种之中又以阿拉比加种数量最多，种类也最广。阿拉比加种的咖啡树高4.5~6米，花开12小时内呈伞状，长大以后反而呈下垂状。利比利加种的咖啡树则更高大，枝向上，根可遍及5米。

咖啡树的花朵为白色，利比利加的花朵比阿拉比加种的花朵大，但花开时的数量少。

优质咖啡豆是从树龄六七年到十年左右的咖啡树上采摘的。咖啡果每年能采摘2 ~ 3次，咖啡的果实长1.4 ~1.8厘米，最初呈绿色，成熟后变鲜红色，所以有人称咖啡的果实为咖啡樱桃。果实由红变黑，果肉中含有两粒种子，这两粒种子便是我们平常所说的咖啡豆。采摘后将果肉洗净、晒干、去壳后得到的便是生咖啡豆。

二、世界著名的咖啡品种

咖啡含有脂肪、咖啡因、纤维素、糖分、芳香油等成分。每一种单品的咖啡都有它不同的特征，分别偏向酸、苦、醇、香等不同的味道，为适合不同的饮用口味，需要把不同味道的咖啡综合起来调配，使之能相互补充不足而产生新的特性。

1. 蓝山（Blue Mountain）

蓝山是咖啡中的珍品，其味道清香甘柔而滑口，不具苦味而带微酸，一般都单品饮用，乃咖啡之中最好的品种。产地在西印度群岛中牙买加的高山上，因为产量极少，价格昂贵，一般人很少喝到真正的蓝山，多是味道极近似的咖啡所调制，尽管如此，其价格仍比一般咖啡高昂。

2. 摩卡（Morch）

摩卡具有特殊风味，其独特的甘、酸、苦味极为优雅，为一般高级人士所喜爱的优良品种；通常皆单品饮用，饮之润滑可口，醇味经久不退，若调配综合咖啡，更是一种理想的品种。

3. 圣多斯（Santos）

圣多斯属中性豆，其风味为咖啡之中坚，泡饮时单品为佳，调配其他咖啡更具独特风味。这种豆子焙炒时火候必须恰到好处，才能将其略酸、略甘、微苦及淡香味散发出来。

4. 哥伦比亚（Colombia）

哥伦比亚是软性咖啡的品种，具有酸中带甜、苦味中平的特性。尤其异香扑鼻，风味奇佳，有股地瓜皮的奇特风味，乃咖啡中的佼佼者。

5. 曼特林（Mandeling）

曼特林属于强性品种，具有浓厚的香味、苦味，醇度特强。一般对于咖啡特别爱好者都喜欢单品饮用，是调配综合咖啡不可缺少的品种。

6. 危地马拉（Guatemala）

危地马拉甘味更佳，与哥伦比亚咖啡极为相似，可单品饮用及调配用，为中美洲生产的中性豆。

7. 综合咖啡

综合咖啡一般皆以三种以上的咖啡豆调配成独具风格的另一种咖啡，可以依个人口味选择出酸、甘、苦、香味适中的各种咖啡加以调配。

三、咖啡的主要产地

世界上盛产咖啡的国家有许多，咖啡产量居第一位的是巴西，哥伦比亚次之，印度尼西亚、牙买加、厄瓜多尔、新几内亚等国家的产量也很高。我国云南省、海南省所产的咖啡豆的质量丝毫不比世界名咖啡逊色。

四、咖啡的饮用

由于咖啡具有振奋精神、消除疲劳、除湿利尿、帮助消化等功效，所以成为深受人们喜爱的饮料。

起初，咖啡并不是作为饮料来喝，而是把生咖啡豆磨碎做成丸子，当作食物或药用。到公元875年，波斯人发明了煮咖啡用以当饮料喝的方法。接着，又发现咖啡果连壳炒熟能增加香味。从13世纪起，人们才开始从咖啡果里剥出咖啡豆，做成饮料来饮用，到16世纪才大量地种植和贸易，并逐渐传播到世界各地，风行至今。

1. 烘焙

烘焙是一种专门术语，其实就是炒豆子的程序。目前专业者所使用的烘焙器多是以瓦斯加热的，主要的目的是在炒豆子的过程中提高咖啡豆的干燥程度，使其味更佳。所需时间依各机器性能而异，一般20~30分钟。

2. 研磨

研磨是指用专门的研磨机粉碎豆子的过程。咖啡豆必须经过研磨成为咖啡粉后才可以冲泡饮用。不同机器的研磨程度也是不同的，有的研磨成小颗粒状，有的研磨成粉末状。

3．咖啡器具

制作咖啡所涉及的器具大致有：咖啡勺、咖啡杯、法兰绒过滤纸、咖啡磅秤、咖啡研磨机（包括手摇式、电动式、营业用、迷你型、家庭型几种）、赛风式咖啡壶、大小圆角架、咖啡炉具、电热式咖啡壶和烘焙机（分手摇式和电热式两种）。

4．咖啡的冲泡方法

一杯好的咖啡必须是色、香、味俱全，而质量的好坏，除与咖啡的品种有关外，还与冲煮的方法有密切关系。通常咖啡的调制有冲泡法、蒸馏法和电热法三种，所使用的水质要不是碱性的硬水或含有大量铁质的水都可以。

（1）用滤袋式冲泡法冲泡咖啡时，将滚沸的水浇在咖啡粉上，第一次浇开水的量要少些，第二次比第一次稍多，第三次以后就要平均。当咖啡浸泡在开水里时，水温会降低到约90℃，再过滤到咖啡壶里时会降低到80℃左右。咖啡浸泡的时间要尽量短，一般2～3分钟为宜，若时间过长，则会把不良成分溶解出来影响咖啡的味道。

（2）用赛风式蒸馏法冲咖啡时，先将一定量的咖啡粉加入上座，再扣到盛满水的下座上，一般是用酒精炉加热，水沸腾时便涌入上座，与咖啡粉混合，下座的水全部沸腾后持续30秒，然后移开酒精炉，上座的水自然回流，这时，撤去下座便可倒入杯中了。

（3）用电热式冲调法冲泡咖啡时，把咖啡粉加入特制的咖啡壶里，同时加入适量水，然后通电（或放到咖啡炉具上）。煮沸后持续50秒左右停止加热。这种方法是三种方法中口感最差的一种。

冲泡咖啡的器皿以陶瓷或玻璃器皿最为合适，一磅咖啡可冲泡40杯浓咖啡，一磅咖啡冲60杯就是适中浓度的咖啡。

五、咖啡调制的基本器具和配料

器具：

咖啡研磨机 Coffee Mill	奶油 Cream
咖啡壶 Coffee Pot	砂糖 Sugar
咖啡炉 Coffee Machine	白兰地 Brandy
真空罐 Vacuum Canister	威士忌 Whisky
计时器 Time Clock	咖啡酒 Kahlua
咖啡量匙 Coffee Spoon	玉桂粉 Cinnamon Powder
咖啡杯（图1-2-9，图1-2-10）Coffee Cup	香草冰淇淋 Vanilla Ice Cream
糖罐（图1-2-11）Sugar Basin	蜂蜜 Honey
奶盅（图1-2-11）Milk Bowl	方糖 Cube Sugar
奶油袋 Cream Stuffer	鸡蛋 Hen Egg
打蛋器 Egg-Beater	薄荷蜜 Peppermint Syrup
辅料（图1-2-12）auxiliary material	发泡鲜奶油 Whipped Cream

图1-2-9 咖啡杯

图1-2-10 咖啡杯

图1-2-11 配咖啡的饼干碟、糖盅、奶盅

图1-2-12 辅料

六、常见咖啡饮品的调制方法

在欧美的咖啡食谱里，各式流行的特制热咖啡饮品有皇室咖啡、维也纳咖啡、意大利咖啡等。现将这几种著名的咖啡饮品的调制方法介绍如下。

1. 皇室咖啡

（1）将咖啡杯加热，倒入冲好的咖啡。

（2）将方糖放在皇室咖啡专用银匙上，再加白兰地，在方糖上点火。

（3）将银勺及上面的方糖和白兰地一起放入杯中搅拌。

2. 维也纳咖啡

（1）将咖啡杯加热。

（2）将冲好的咖啡加入杯内至七成满。

（3）挤入打过的奶油，浮在咖啡上，在奶油上淋少许巧克力膏。

（4）在巧克力膏上点缀五彩巧克力糖。

3. 意大利咖啡

（1）在加过温的咖啡杯内加入两茶匙砂糖。

（2）倒入冲好的咖啡，挤上打过的奶油，浮在咖啡上。

（3）撒一些肉桂粉或附上一根肉桂棒。

七、咖啡杯具使用与饮用事项

1. 怎样拿咖啡杯

在餐后饮用的咖啡，一般都是用袖珍型的杯子盛出。这种杯子的杯耳较小，手指无法穿出去。

但即使用较大的杯子，也不要用手指穿过杯耳再端杯子。咖啡杯的正确拿法，应是拇指和食指捏住杯把儿再将杯子端起。

2．怎样给咖啡加糖

给咖啡加糖时，砂糖可用咖啡匙舀取，直接加入杯内；也可先用糖夹子把方糖夹在咖啡碟的近身一侧，再用咖啡匙把方糖加在杯子里。如果直接用糖夹子或手把方糖放入杯内，有时可能会使咖啡溅出，从而弄脏衣服或台布。

3．怎样用咖啡匙

咖啡匙是专门用来搅咖啡的，饮用咖啡时应当把它取出来。不要用咖啡匙舀着咖啡一匙一匙地慢慢喝，也不要用咖啡匙来捣碎杯中的方糖。

4．咖啡太热怎么办

刚刚煮好的咖啡太热，可以用咖啡匙在杯中轻轻搅拌使之冷却，或者等待其自然冷却，然后再饮用。用嘴试图去把咖啡吹凉，是很不文雅的动作。

5．杯碟的使用

盛放咖啡的杯碟都是特制的。它们应当放在饮用者的正面或者右侧，杯耳应指向右方。饮咖啡时，可以用右手拿着咖啡的杯耳，左手轻轻托着咖啡碟，慢慢地移向嘴边轻啜。不宜满把握杯、大口吞咽，也不宜俯首去就咖啡杯。喝咖啡时，不要发出声响。添加咖啡时，不要把咖啡杯从咖啡碟中拿起来。

6．喝咖啡与用点心

有时饮咖啡可以吃一些点心，但不要一手端着咖啡杯，一手拿着点心，吃一口喝一口地交替进行。饮咖啡时应当放下点心，吃点心时则应放下咖啡杯。

7．如何品咖啡

咖啡的味道有浓淡之分，所以，不能像喝茶或可乐一样，连续喝三四杯，而以正式的咖啡杯的分量则刚好。普通喝咖啡以80～100毫升为适量，有时候若想连续喝三四杯，这时就要将咖啡的浓度冲淡，或加入大量的牛奶，不过仍然要考虑到生理上的需求程度，来加减咖啡的浓度，也就是不要造成腻或恶心的感觉，而在糖分的调配上也不妨多些变化，使咖啡更具美味。趁热喝是品美味咖啡的必要条件，即使是在夏季的大热天中饮热咖啡，也是一样的。

8．喝咖啡的要点

（1）先喝一口冷水，让口腔完全清洁。

（2）喝咖啡请趁热，因为咖啡中的单宁酸很容易在冷却的过程中起变化，使口味变酸，影响咖啡的风味。

（3）喝一口"黑咖啡"，你所喝的每一杯咖啡都是经过5年生长才能够开花结果的，经过了采收、烘焙等繁复程序，再加上煮咖啡的人悉心调制而成。所以，先趁热喝一口不加糖与奶精的"黑咖啡"，感受一下咖啡在未施脂粉前的风味。然后加入适量的糖，再喝一口，最后再加入奶精。

（4）正式开始喝咖啡之前，先喝一口冰水，冰水能帮助咖啡味道鲜明地浮现出来，让舌头上的每一颗味蕾都充分做好感受咖啡美味的准备。

（5）适量地饮用，咖啡中含有咖啡因，所以要适量地喝。

依照上述的过程享受一杯好咖啡，不仅能体会咖啡不同层次的口感，而且更有助于提升鉴赏咖啡的能力。

八、饮用咖啡的注意事项

咖啡对人体也有许多不利的影响。饮用咖啡需要注意以下几点。

（1）孕妇及喂乳产妇应尽量避免饮用含咖啡因的饮料。

（2）有胃病者应尽量少喝咖啡，才不致因过量而导致胃病恶化。

（3）过度摄取咖啡因，心脏跳动会加速，血压增高，故高血压与动脉硬化者须注意控制饮用含有咖啡因的饮料。

（4）皮肤病患者更要注意尽量避免饮用咖啡，才不致使病症加速恶化。

（5）运动员也要节制饮用含有咖啡因的饮料，因为过度刺激与兴奋会比未刺激前更加疲劳。

九、经典花式咖啡谱

1．维也纳咖啡（Viennese）

原料：热咖啡一杯、鲜奶油适量、巧克力糖浆适量、七彩米少许、糖包。

调法：冲煮热咖啡一杯，先加入鲜奶油，再淋入巧克力糖浆，最后撒上七彩米，附送糖包。

2．爱尔兰咖啡（Irish Coffee）

原料：咖啡粉一份、爱尔兰威士忌1盎司、方糖1块、鲜奶油适量。

调法：用虹吸式咖啡器冲好一杯咖啡，注入爱尔兰咖啡杯中，用带钩的咖啡匙架于杯中，在咖啡匙内放上方糖、淋入威士忌，点燃，最后加入一层鲜奶油。

3．柠檬苏打冰咖啡（Lemon Soda Coffee）

原料：冰咖啡一杯（已加糖）、苏打水2盎司、柠檬片一片、冰块。

调法：把冰咖啡、苏打水倒入有冰块的玻璃杯中，再把柠檬片放入杯中作为装饰。

4．黄金冰咖啡（Gold Ice Coffee）

原料：冰咖啡一杯（已加糖）、奶精水2盎司、白兰地0.5盎司、冰块。

调法：把原料倒入有冰块的摇酒壶中摇和，然后滤入玻璃杯中。

5．红茶咖啡（Black Tea Coffee）

原料：热红茶半杯、热咖啡半杯、糖包一个。

调法：将半杯热咖啡注入鸡尾酒杯中，再注入热红茶，附送糖包。

6．凤梨咖啡（Pineapple Coffee）

原料：热咖啡一杯、菠萝汁1盎司、菠萝角块一个、糖包。

调法：热咖啡一杯约八分满，注入菠萝汁，菠萝角块挂杯口作为装饰，附送糖包。

7．朗姆咖啡（Rum Coffee）

原料：热咖啡一杯、朗姆酒0.75盎司。

调法：直接在热咖啡杯中加入朗姆酒，为了增添口味，还可加上鲜牛奶。

项目小结

本项目主要介绍了碳酸饮料、乳酸饮料、茶、咖啡等其他一系列无酒精饮料的基本情况，饮用特点，分类及著名品种。

【任务评价】

任务评估标准及其评估分值

评估指标	基本完成评估标准 评估分值60分	达到要求评估标准 评估分值40分	评估成绩100分
命名20分	与饮品匹配12分	有创意8分	

续表

评估指标	基本完成评估标准 评估分值60分	达到要求评估标准 评估分值40分	评估成绩100分
操作30分	仪态规范，表情自然舒展18分	注意细节，讲究卫生12分	
装饰20分	和谐，有观赏性12分	精致，赏心悦目8分	
品质30分	口感良好18分	富有营养12分	

实验实训

分组练习制作果汁饮料、煮咖啡，冲泡各类绿茶和乌龙茶，以掌握饮用与服务要领。

思考与练习题

1. 试述茶的种类及其代表品种。
2. 碳酸饮料主要有哪些种类？
3. 世界著名的矿泉水有哪些？
4. 咖啡有哪些功效？
5. 世界上有哪些著名的咖啡品种？

项目三
蒸馏酒

■ 项目概述

　　蒸馏酒是乙醇浓度高于原发酵产物的各种酒精饮料。白兰地、威士忌、朗姆酒、金酒、伏特加、特基拉和中国的白酒都属于蒸馏酒，大多是度数较高的烈性酒。

　　蒸馏酒的原料一般是富含天然糖分或容易转化为糖的淀粉等物质。如蜂蜜、甘蔗、甜菜、水果和玉米、高粱、稻米、麦类马铃薯等。糖和淀粉经酵母发酵后产生酒精，利用酒精的沸点（78.5℃）和水的沸点（100℃）不同，将原发酵液加热至两者沸点之间，就可从中蒸出和收集到酒精成分和香味物质。

　　现代人们所熟悉的蒸馏酒分为白酒（也称"烧酒"）、白兰地、威士忌、伏特加酒、朗姆酒等。白酒是中国所特有的，一般是粮食酿成后经蒸馏而成的；白兰地是葡萄酒蒸馏而成的；威士忌是大麦等谷物发酵酿制后经蒸馏而成的；朗姆酒则是甘蔗酒经蒸馏而成的。

■ 项目学习目标

了解世界七大蒸馏酒的起源及主要生产工艺
熟悉其酿造原料和主产地
掌握七大蒸馏酒的主要分类、名品与饮用服务

■ 项目主要内容

- 白兰地
- 威士忌
- 金酒
- 伏特加
- 朗姆酒
- 特基拉
- 中国白酒

蒸馏酒是指以谷物或水果为原料，经过发酵、蒸馏而制成的含酒精饮料。蒸馏酒的酒精度常在38°以上，最高可以达到75.5°（如百家得151）。世界上大多数蒸馏酒的酒精度数在38°~46°。某些国家把超过20°的酒称为蒸馏酒。蒸馏酒的特点基本上与乙醇相似，乙醇是蒸馏酒的关键原料。蒸馏酒酒味十足、气味香醇，可以长期存储；可以净饮，也可以与冰块、果汁或者碳酸饮料等混合饮用。蒸馏酒还是调制鸡尾酒不可缺少的原料。世界上传统的蒸馏酒是白兰地、威士忌、金酒、伏特加、朗姆酒、特基拉、中国白酒。

任务 **1** 白兰地

【任务设立】

本任务要求学生查阅白兰地相关资料，了解白兰地文化，品尝白兰地后完成一篇1000字左右的文章，题目为："我心中的白兰地"。

本任务重点要求学生阐述白兰地的文化、生产工艺和饮用方法。介绍白兰地的著名品牌。

【任务目标】

带领学生接触洋酒，帮助学生认识白兰地。

提高学生收集资料、总结归纳的能力。

【任务要求】

要求教师指导学生查阅资料，获取最新信息。

要求学生通过多种途径获得资料。

要求实训室准备白兰地。

【理论指导】

一、白兰地的概述

白兰地（Brandy）是以葡萄为原料，发酵后经过蒸馏而制成的含酒精饮料。白兰地酒为褐色，酒精度数在38°~48°。此外，以其他水果为原料制成的蒸馏酒也称为白兰地酒，但是必须在白兰地酒名称前加原料名称。例如，以苹果为原料制成的白兰地酒称为苹果白兰地（图1-3-1）。

二、白兰地酒的发展

白兰地酒的发展可以追溯到公元7—8世纪，那时阿拉伯炼金术人在地中海国家多次利用蒸馏，将葡萄和水果制成医用白兰地酒。8世纪末，爱尔兰和西班牙已经生产白兰地酒。16世纪，意大利、西班牙、法国和荷兰普遍使用两次蒸馏技术并通过橡木桶熟化方法制成优质的白兰地酒。通过蒸馏，白兰地酒不仅改变了葡萄酒味道过酸的缺点，而且成为具有独特风格、醇厚的烈性酒。18世纪，白兰地酒已经占有法国酒类出口量的第一位。目前白兰地酒深受各国人民的喜爱，它的用途也越加广泛。著名的白兰地酒的生产国家有：法国、德国、意大利、西班牙、美国。其中以法国生产的最好。

图1-3-1　苹果白兰地　卡尔瓦多斯

三、白兰地的生产工艺

白兰地的生产过程是先将原料发酵，然后蒸馏成无色透明的酒，再用橡木桶盛装。这些装有白兰地的桶根据地区、种植园的不同贴上不同的标签，注明日期然后进行储存陈酿，并不断检查。在陈酿中，由于酒液与木桶接触，原料无色透明的酒液被酿成了琥珀色，同时橡木独特的气味也渗透到酒中，使白兰地更加芳香。

白兰地是一种勾兑饮料，勾兑也是其生产中极为重要的过程，将不同地区、不同酒龄的白兰地勾兑到一起，用以勾兑的各种白兰地以其自身的特色相互影响、相得益彰，使勾兑出的白兰地的品质更加丰满、更有价值。

四、法国白兰地

世界上几乎所有的葡萄酒生产国都出产白兰地，但是以法国的白兰地为最好，无论是质量还是数量都居于世界领先地位，而在法国的白兰地产地中，以干邑（Cognac）和雅文邑（Armagnac）白兰地最负盛名，并且在产品上冠有地名。法国人几乎不用白兰地来称呼这两种酒，而直接称其为干邑和雅文邑。干邑和雅文邑代表着世界高品质的白兰地，二者中又以干邑尤为驰名，现今干邑已经是优质白兰地的代名词。

（一）干邑（Cognac）

干邑又称科涅克，是法国南部的一个地区，位于夏朗德省境内。干邑是法国白兰地最古老、最著名的产区，干邑地区生产白兰地有其悠久的历史和独特的加工酿造工艺，干邑之所以享有盛誉，与其原料、土壤、气候、蒸馏设备及方法，老熟方法密切相关，干邑白兰地被称为"白兰地之王"。

1. 特点

干邑白兰地酒一般为43°，酒体呈琥珀色，清亮透明，口味芳香浓郁，风格优雅独特。

2. 生产工艺

干邑白兰地的原料选用的是白玉霓等三种著名的葡萄品种，经过两次蒸馏，再盛入新橡木桶内储存，一年后，移至旧橡木桶，以避免吸收过多的单宁。储存过程中酒会挥发3%～4%，调酒师根据各自的秘方和经验将不同酒龄、不同葡萄品种的多种白兰地勾兑，达到理想的颜色、味道和酒精度。

3. 产区

干邑是白兰地的极品，干邑产品受到法国政府的严格限制和保护，依照法国政府1928年的法律规定，干邑的产地分为六个地区：

大香槟区 Grande Champagne	边林区 Borderies	良质林区 Bons Bois
小香槟区 Petite Champagne	优质林区 Fins Bois	普通林区 Bois Ordinaries

4．酒龄和级别

干邑白兰地的酒标中不写具体的酒龄，因为干邑白兰地的每个品种，都是由老年、中年和幼年的白兰地勾兑而成的，而勾兑的比例属于技术秘密，各个酒厂都会秘而不宣。法定的干邑白兰地酒龄，是以用于勾兑酒中酒龄最短的一种为准。

所有的白兰地酒厂，都用字母来分辨品质，如：

E 代表Especial（特别的）

F 代表Fine（好的）

V 代表Very（很好）

O 代表Old（老的）

S 代表Superior（上好的）

P 代表Pale（淡色）

X 代表Extra（格外的）

VSOP 代表20年以上的酒（勾兑的）

XO 代表储存了40年以上的酒（真正40年的很少，只属于种子）

EXO代表储存了50年以上的酒（勾兑）

5．名品

著名的干邑白兰地品牌包括：马爹利（Martell）、轩尼诗（Hennessy）、人头马（Remy Martin）、拿破仑（Courvoisier）、百事吉（Bisquit）、金花（Camus）、御鹿（Hine）等，每个品牌里再根据不同的酒龄和等级分成不同的产品系列。

常见的有人头马VSOP（图1-3-2）、人头马XO（图1-3-3）、马爹利VSOP（图1-3-4）、马爹利XO（图1-3-5）、轩尼诗VSOP（图1-3-6）、轩尼诗XO（图1-3-7）、蓝带马爹利（图1-3-8）、人头马路易十三（图1-3-9）、轩尼诗百乐廷（图1-3-10）、轩尼诗李察（图1-3-11）、御鹿VSOP（图1-3-12）、大将军拿破仑（图1-3-13）等。

（二）雅文邑（Armagnac）

雅文邑位于干邑南部，以产深色白兰地驰名，虽然没有干邑著名，但风格与其很接近。干邑与雅文邑最主要的区别是在蒸馏的程序上。前者初次蒸馏和第二次蒸馏是连续进行的，而后者则是分开进行的。

雅文邑酒体呈琥珀色，发黑发亮，口味烈，酒精度43°。陈年或者远年的雅文邑酒香袭人，它风格稳健沉着、醇厚浓郁、回味悠长。

图1-3-2　人头马VSOP

图1-3-3　人头马XO

图1-3-4　马爹利VSOP

图1-3-5　马爹利XO

图1-3-6　轩尼诗VSOP

图1-3-7　轩尼诗XO

图1-3-8　蓝带马爹利

图1-3-9　人头马路易十三

图1-3-10　轩尼诗百乐廷

图1-3-11　轩尼诗李察

图1-3-12　御鹿VSOP

图1-3-13　大将军拿破仑

　　雅文邑也是受法国法律保护的白兰地品种。只有雅文邑当地产的白兰地才可以在商标上冠以Armagnac字样。雅文邑白兰地的名品有：卡斯塔浓（Castagnon）、夏博（Chabot）、珍尼（Janneau）、桑卜（Semp）。

法国除了干邑、雅文邑以外的其他地区生产的白兰地，与其他国家的白兰地相比，品质也属上乘。

五、其他国家白兰地

西班牙白兰地：很多人认为，西班牙白兰地是除法国白兰地以外最好的白兰地。有些西班牙白兰地是用雪利酒（Sherry）蒸馏而成的。目前许多这种酒，是用各地产的葡萄酒蒸馏混合而成。此酒在味道上与干邑和雅文邑有显著的不同，味较甜而带土壤味。

意大利白兰地：意大利白兰地生产历史较长，最初主要是生产酒渣白兰地（Grappa），且以内销为主。其风味比较浓重，饮用时最好加冰或水冲调。

希腊白兰地：希腊白兰地口味如同甜酒，具有独特的甜味和香味，用焦糖调色。梅塔莎（Metaxa）是希腊著名的陈年白兰地，有"古希腊猛将精力的源泉"之誉。

美国白兰地：大部分产自于加州，它是以加州产的葡萄为原料，发酵蒸馏至85proof，储存在白色橡木桶中至少两年，有的加焦糖调色而成。

除此之外，葡萄牙、秘鲁、德国、希腊、澳洲、南非、以色列和意大利、日本也主产优质白兰地。

六、白兰地的饮用与服务

1. 用杯与用量

饮用白兰地要使用白兰地杯（图1-3-14），杯子呈球型，大肚窄口（又叫郁金香型杯）。由于是窄口，所以白兰地倒入后能起到抑制散味的作用，使酒香能够长时间回留在杯内。白兰地每杯的标准饮用量为1盎司，即白兰地酒杯的三分之一左右，从而留出空间使酒香环绕不散，杯子大肚的作用是温酒，喝酒时用手掌托杯，掌心与酒杯接触，使热量慢慢传入杯中，易于白兰地的酒香发散，同时还要摇晃酒杯以扩大酒与空气的接触面，使酒的芳香溢满杯内。边闻边喝，才能真正享受饮用白兰地的奥妙。

图1-3-14　白兰地杯

2. 饮用方法

（1）净饮　白兰地的饮用方法一般是净饮。在杯中注入1盎司酒，用手掌托住杯身，同时还要轻轻晃动酒杯。

（2）加冰或者加水　喝白兰地时，可以加冰块或者矿泉水兑饮，随客人的习惯或喜好。还可另外用水杯配一杯冰水，冰水的作用是，每喝完一小口白兰地，就喝一口冰水，清新的味觉能使人感觉下一口白兰地的味道更加香醇。

对于陈年上佳的干邑白兰地来说，加水、加冰是浪费了几十年的陈化时间，丢失了香甜浓醇的味道。一般来说，XO级别的白兰地，最好的饮用方法就是净饮，这样能够充分体现白兰地的真品质。

（3）调配其他饮料　白兰地有浓郁的香味，被广泛用作鸡尾酒的基酒。以彩虹酒为例，最上面一层多使用的是白兰地。白兰地也可以与果汁、碳酸饮料、奶等其他的软饮料一起勾兑。如：皇室咖啡等。

任务评估标准及其评估分值

评估指标	基本完成评估标准 评估分值60分	达到要求评估标准 评估分值40分	评估成绩100分
内容70分	内容全面丰富42分	观点正确，能够运用图表，上升到自我认识28分	
书写30分	书写认真，字迹优美18分	排版设计，有插图12分	

任务2 威士忌

【任务设立】

本任务要求学生查阅威士忌相关资料，了解威士忌文化，品尝威士忌后完成一篇1000字左右的文章，题目为："我心中的威士忌"。

本任务重点要求学生阐述威士忌的文化，生产工艺和饮用方法。介绍威士忌的著名品牌。

【任务目标】

带领学生接触洋酒，帮助学生认识威士忌。

提高学生收集资料，总结归纳能力。

【任务要求】

要求教师指导学生查阅资料，获取最新信息。

要求学生通过多种途径获得资料。

要求实训室准备威士忌。

【理论指导】

一、威士忌的概念

威士忌是英文Whiskey的音译。出产威士忌的国家很多，在英语拼写上也有小小的区别；在苏格兰，威士忌被写作Whiskey，而在美国则被拼写为Whiskey。在加拿大，其拼写是追随苏格兰的，而爱尔兰的拼写则与美国的相同。

威士忌是以大麦、黑麦、小麦等谷物为原料，经发酵、蒸馏后放入橡木桶中醇化而酿成的高酒精度饮料。酒精度在38°～60°。

二、威士忌的起源

据说15世纪爱尔兰人就已经会酿造威士忌了，之后爱尔兰人将威士忌的生产技术传到苏格兰。到18—19世纪，苏格兰人为逃避国家对威士忌酒生产和销售的苛税，许多威士忌生产者逃到了苏格兰高地继续酿造。在那里，他们发现了优质的水源和大麦原料。高地资源不足，所以燃料缺乏时他们就用当地的泥炭代替，容器不足时他们就用盛西班牙雪利酒的空橡木桶来装威士忌，暂时卖不出去的酒会被存储在高地的小屋内。谁知因祸得福，这样反而产生了风格独特的苏格兰威士忌。

三、威士忌的生产工艺

威士忌的制造过程一般是将大麦浸水，生成麦芽后，再加工磨碎，经淀粉发酵后制成麦汁。在这个过程中需要将麦芽烘干，然后把酵母加入麦汁中，发酵完成后放入蒸馏器中蒸馏数次，装进橡木桶中储藏，使其成熟。

四、威士忌的主要产地及名品

目前世界上很多国家和地区都生产威士忌，以苏格兰威士忌、爱尔兰威士忌、美国威士忌和加拿大威士忌最为著名。

（一）苏格兰威士忌

苏格兰威士忌是一种只在苏格兰地区生产制造的威士忌。苏格兰威士忌与其他种类的威士忌最大的不同之处在于，其制造过程中使用了泥炭这种物质，因此具有独特的风味。

1. 特点

苏格兰威士忌色泽棕黄带红，清澈透明，气味焦香，略有烟熏味，使人感到浓郁的苏格兰乡土气息，口感甘洌、醇厚。苏格兰威士忌是世界上酒香最好的威士忌。

2. 分类及名品

苏格兰威士忌因不同的原料和制造方式可分为三种：纯麦芽威士忌、谷物威士忌和勾兑威士忌。

（1）纯麦芽威士忌　是以大麦、清纯的泉水和酵母为原料，经发酵后连续蒸馏两次装入橡木桶陈酿而制成的，陈酿5年以上的酒方可饮用，陈酿7~8年为成品酒，陈酿15~20年为优质酒，存储超过20年以上的酒，质量反而会下降。

由于此类酒味道过于浓烈，所以只有10%的产品直接销售，约有90%的产品都用于勾兑混合威士忌。

图1-3-15　格兰威特15

名品有格兰菲迪（Glenflddich）、格兰特（Grant's）、麦克伦（Macallan）和格兰威特15（图1-3-15）。

（2）谷物威士忌　是以多种谷物加不发芽大麦，用泉水和酵母酿制而成的。由于大麦不发芽，不用泥煤烘烤，因此没有泥炭味。谷物威士忌主要用于勾兑其他威士忌，很少零售。

（3）勾兑威士忌　是用一种或多种谷物威士忌为基底，混合到多种纯麦芽威士忌后调制而成的。勾兑威士忌口味多样，最为畅销，目前是苏格兰威士忌的主流。著名品牌有以下几种。

①芝华士威士忌（Chivas Regal Scotch Whisky）：芝华士是目前畅销全球的威士忌佳酿之一。尤其是芝华士12年（图1-3-16）和"皇家礼炮21年"（图1-3-17）。芝华士12年威士忌的特佳酒质，已经成为举世公认衡量优质苏格兰威士忌的标准。"皇家礼炮21年"是1953年英女皇伊丽莎白二世加

冕典礼致意而创制，其名字来源于向到访皇室成员鸣礼炮21响的风俗。这珍贵的21年陈酿威士忌，分别盛在红、绿、蓝及棕色瓷樽内，更显雍容华贵。此外，还有芝华士25年（图1-3-18）。

图1-3-16　芝华士12年　　　　　图1-3-17　皇家礼炮21年　　　　　图1-3-18　芝华士25年

② 尊尼获加（Johnnie Walker）：是全球最为畅销的苏格兰威士忌之一。早在1920年尊尼获加就已经向全球120个国家出口。常见的有红方（Johnnie Walker Red Label）（图1-3-19）、黑方（Johnnie Walker Black Label）（图1-3-20）、蓝方（Johnnie Walker Blue Label）（图1-3-21）三种。

图1-3-19　红方　　　　　　　　图1-3-20　黑方　　　　　　　　图1-3-21　蓝方

③ 百龄坛（Ballantine's）：全球最知名的经典威士忌品牌之一，于1827年在苏格兰爱丁堡创立。1895年，百龄坛苏格兰威士忌被维多利亚女王钦点为宫廷御用酒。其口感圆润，并且伴有浓浓的香醇，如百龄坛21年（图1-3-22）。

④ 白马威士忌（White Horse）：白马威士忌（图1-3-23）不仅饮誉全球，在苏格兰也有悠久历史。它是由40种以上的单一威士忌巧妙地混合调配而成，被誉为乡土气息最浓重的调配威士忌。由于价格相对便宜，白马深受广大饮家所欢迎。

⑤ 珍宝威士忌（J&B Scotch Whisky）：珍宝威士忌（图1-3-24），始创于1749年，至今已有两百多年的历史。珍宝品质优良，主要由42种苏格兰威士忌混制而成，80%以上的麦芽威士忌是来自最有名的产区Speyside，50%以上的麦芽威士忌有8年历史。

图1-3-22　百龄坛21年

图1-3-23　白马威士忌

图1-3-24　珍宝J＆B

⑥顺风威士忌（Cutty Sark）：顺风威士忌诞生于1923年，是具有现代风味的清淡型威士忌，其酒性比较柔和，顺风12年是用12年以上的原酒调配而成的高级品。

此外，比较有名的还有老伯（Old Parr）、威雀（The Famous Grous Finest）（图1-3-25）和龙津（Long John）等。

（二）爱尔兰威士忌（Irish Whiskey）

1．特点

爱尔兰威士忌是以80%的大麦为主要原料，混以小麦、黑麦、燕麦、玉米等配料酿造而成的。经过三次蒸馏，然后入桶陈酿，一般需要8～15年。装瓶时还要掺水稀释。爱尔兰威士忌制作程序与苏格兰威士忌大致相同，但因原料不用泥炭熏焙，所以没有焦香味，酒精度在40°左右，口味比较绵柔长润。

由于爱尔兰威士忌口味比较醇和、适中，所以人们很少用于净饮，一般用来做鸡尾酒的基酒。比较著名的爱尔兰咖啡就是以爱尔兰威士忌为基酒的一款热饮。

2．名品

爱尔兰威士忌著名的品牌有尊占臣（John Jameson）（图1-3-26）、老布什米尔（Old Bushmills）和约翰波厄斯父子（John Power & Son's）。

图1-3-25　威雀

图1-3-26　尊占臣

（三）美国威士忌（American Whiskey）

美国是世界上最大的威士忌生产国和消费国，美国成年人平均每年饮用16瓶以上的威士忌。美国威士忌与苏格兰威士忌在制法上大致相似，但所用的谷物不同，蒸馏出的酒精纯度也比苏格兰威士忌低。

1. 分类

美国威士忌可分为三类：单纯威士忌、混合威士忌、淡质威士忌。

（1）单纯威士忌（Steaight Whiskey） 是指不混合其他威士忌或谷类制成的中性酒精，以玉米、黑麦、大麦或小麦为原料，制成后储存在炭化的橡木桶中至少两年。单纯威士忌又分为波本威士忌、黑麦威士忌、玉米威士忌、保税威士忌。

① 波本威士忌：波本原是美国肯塔基州的一个地名，在波本生产的威士忌被称作波本威士忌。波本威士忌的原料是玉米、大麦等谷物。玉米至少占原料用量的51%以上，最多不超过75%，经过发酵蒸馏后，装入新橡木桶里陈放4年，最多不超过8年，装瓶时用水稀释到43.5°。酒液呈琥珀色，因其主要原料为玉米，口感更具有独特的清甜和爽快感，特别适合用于调制鸡尾酒，原体香味浓郁，口感醇厚，绵柔。

② 黑麦威士忌：是用不少于51%的黑麦及其他谷物制成的，呈琥珀色，味道与前者不同。

③ 玉米威士忌：是用不少于80%的玉米和其他谷物制成的，用旧炭木桶陈酿。

④ 保税威士忌：它是一种纯威士忌，通常是波本或黑麦威士忌，在美国政府监督下制成，政府不保证它的质量，只要求至少陈放4年，酒精纯度在装瓶时为100proof必须是同一个酒厂所造，装酒厂也为政府所监督。

（2）混合威士忌（Blended Whiskey） 是用一种以上的单一威士忌以及20%的中性谷物类酒混合而成。装瓶时酒精度为40°，常用来做混合饮料的基酒。

（3）淡质威士忌（Light Whiskey） 是美国政府认可的一种新威士忌，口味清淡，用旧桶陈酿。淡质威士忌所加的100proof的纯威士忌用量不得超过20%。

2. 名品

美国威士忌的著名品牌有杰克·丹尼（Jack Daniel）（图1-3-27）、四玫瑰（Four Roses）、占边（Jim Beam）（图1-3-28）、老祖父（Old Grand Dad）、威特基（Wild Turkey）（图1-3-29）和野火鸡（Wild Turkey）等。

图1-3-27 杰克·丹尼

图1-3-28 占边

图1-3-29 威特基

（四）加拿大威士忌

加拿大威士忌的主要酿制原料为玉米、黑麦、还会掺入一些其他的谷物原料。但没有一种谷物超过50%的，并且各个酒厂都有自己的配方，比例都保密。加拿大威士忌在酿制过程中需要两次蒸馏，然后在橡木桶中陈酿2年以上，再与各种烈酒混合后装瓶，装瓶时酒精度为45°。一般上市的酒都要陈酿6年以上，如果少于4年，在瓶盖上必须注明。

加拿大威士忌酒色棕黄，酒香芬芳，口感轻快爽适，酒体丰满，以淡雅的风格著称。

加拿大威士忌的名品有：加拿大俱乐部（Canadian Club）（图1-3-30）、施格兰特醇（Seagram'sVO）和米·盖伊尼斯（Me Guinness）等。

图1-3-30　加拿大俱乐部

图1-3-31　古典杯

五、威士忌的饮用与服务

1．用杯

饮用威士忌时应该使用6～8盎司的古典杯（图1-3-31），又称老式杯，用这种宽大、短矮、杯底厚的平底杯，一是能表现出粗犷和豪放的风格；二是为了适应饮酒时喜欢碰杯的人。

2．标准用量

每份40毫升。

3．饮用方法

净饮；加冰或者水；调配混合饮料，如：威士忌酸、曼哈顿等；还可以加入碳酸饮料。

目前一些新的威士忌饮用方式越来越显现出强劲的发展势头，威士忌勾兑可乐或者绿茶（1：6）等饮料的喝法，成为风靡一时的新潮流。

【任务评价】

任务评估标准及其评估分值

评估指标	基本完成评估标准评估分值60分	达到要求评估标准评估分值40分	评估成绩100分
内容70分	内容全面丰富42分	观点正确，能够运用图表，上升到自我认识28分	
书写30分	书写认真，字迹优美18分	排版设计，有插图12分	

【任务设立】

本任务要求学生查阅金酒相关资料，了解金酒文化，品尝金酒后完成一篇1000字左右的文章，题目为："我心中的金酒"。

本任务重点要求学生阐述金酒的文化，生产工艺和饮用方法。介绍金酒的著名品牌。

【任务目标】

带领学生接触洋酒，帮助学生认识金酒。

提高学生收集资料，总结归纳能力。

【任务要求】

要求教师指导学生查阅资料，获取最新信息。

要求学生通过多种途径获得资料。

要求实训室准备金酒。

【理论指导】

一、金酒的概念

金酒是以谷物为原料，加入杜松子等香料，经过发酵、蒸馏制成的含酒精饮料，所以金酒又称为杜松子酒。金酒属于调配蒸馏酒，其最大特点是散发令人愉快的香气。

二、金酒的起源

金酒是人类第一种为特殊目的制造的烈性酒。17世纪，荷兰莱登大学医学院的西尔维亚斯（Sylvius）教授发现杜松子有利尿的作用，就将其浸泡于食用酒精中，再蒸馏成含有杜松子成分的药用酒，经过临床实验证明，这种酒还有健胃、解热等功效。于是，他将这种酒推向市场，并很快受到消费者的普遍喜爱。不久，英国海军将杜松子酒带回伦敦，也受到人们的喜爱，为了符合英语发音的需要，称之为"GIN"。随着技术的不断发展，英国金酒成为与荷兰金酒风味不同的干型烈性酒。

三、金酒的主要产地及名品

金酒的主要产地有荷兰、英国、美国、法国、比利时等国家。最著名的是荷兰和英国生产的金酒，因此通常把金酒分为荷式金酒（Dutch Gin）和英式金酒（又称伦敦干金酒，London Dry Gin）两大类。

（一）荷式金酒

荷式金酒产于荷兰，金酒是荷兰的国酒。

1. 生产工艺

荷式金酒是以大麦、黑麦、玉米、杜松子和其他的香料制成的。生产方法是先提取谷物原酒，经连续蒸馏，再加入杜松子等香料进行第三次蒸馏，最后将得到的酒，储存于玻璃槽中待其成熟，包装时再稀释装瓶。

2. 特点

荷式金酒色泽透明清亮，酒香味突出，香料味浓重，辣中带甜，风格独特。无论是净饮或者加冰都很爽口，酒精度为50°左右。荷式金酒不宜做混合酒的基酒，因为它有浓郁的松子香、麦芽香，会淹没其他酒的味道。

3. 名品

著名的品牌有波尔斯（Bols）、波克马（Bokma）、亨克斯（Henkes）和帮斯马（Bomsma）等。

（二）英式金酒

又称伦敦干金酒。它最初是在伦敦周围地区生产的金酒，目前这个名字已经没有任何地理意义了，它仅代表清淡型的金酒品种，美国也有生产。

1. 特点

伦敦干金酒的生产过程较荷式金酒简单，是用谷物酿制的中性酒精和杜松子及其他香料共同蒸馏而得到的干金酒。其特点是无色透明，口感甘冽、醇美，不甜，气味奇异清香。所以既可以单饮，又可与其他酒调配或做鸡尾酒的基酒。

2. 名品

伦敦干金酒的著名品牌有哥顿金（Gordon's）（图1-3-32）、必富达（Beefeater）（图1-3-33）、健尼路（Greenall's）、钻石金（图1-3-34）、施格兰金（图1-3-35）、得其利（图1-3-36）、得其利十号（图1-3-37）等。

四、金酒的饮用与服务

1. 杯具

净饮时一般用利口杯（Liqueur）（图1-3-38，图1-3-39）或者古典杯。

2. 用量

标准用量为1盎司。

3. 饮用方式

（1）净饮 荷式金酒一般净饮，伦敦干金酒也可以净饮，但是通常先要冰镇降温。

（2）加冰或者水 荷式金酒可加入冰块、

图1-3-32 哥顿金

图1-3-33 必富达

图1-3-34 钻石金

图1-3-35 施格兰金

图1-3-36 得其利

图1-3-37 得其利十号

再配以柠檬片。

（3）调制混合饮料 伦敦干金酒被大量用于混合饮料的调配，或者用作鸡尾酒的基酒。如：金汤力（Gin Tonic）、金菲士（Gin Fizz）和红粉佳人（Pine Lady）等。

荷式金酒还有在东印度群岛流行的一种喝法：在饮用前用苦精（Bitter）洗杯，然后注入荷式金酒，大口快饮，饮后再饮一杯冰水，更是美不可言。

图1-3-38 利口杯1　　　　　图1-3-39 利口杯2

【任务评价】

任务评估标准及其评估分值

评估指标	基本完成评估标准 评估分值60分	达到要求评估标准 评估分值40分	评估成绩100分
内容70分	内容全面丰富42分	观点正确，能够运用图表，上升到自我认识28分	
书写30分	书写认真，字迹优美18分	排版设计，有插图12分	

任务4　伏特加

【任务设立】

本任务要求学生查阅伏特加相关资料，了解伏特加文化，品尝伏特加后完成一篇1000字左右的文章，题目为："我心中的伏特加"。

本任务重点要求学生阐述伏特加的文化，生产工艺和饮用方法。介绍伏特加的著名品牌。

【任务目标】

带领学生接触洋酒，帮助学生认识伏特加。
提高学生收集资料，总结归纳能力。

要求教师指导学生查阅资料，获取最新信息。

要求学生通过多种途径获得资料。

要求实训室准备伏特加。

一、伏特加的概念

伏特加的名字源自俄语"Boska"一词，是"水酒"的意思。其英语名字是Vodka，即俄得克，所以伏特加又称为俄得克酒。它是以马铃薯或玉米等多种谷物为原料，用重复蒸馏、精炼、过滤的方法，除去其中所含毒素和其他异物的一种纯净的高酒精浓度的饮料。酒精度高达90°，最后用蒸馏水稀释成40°~50°的含酒精饮料。

二、伏特加的起源

伏特加起源于12世纪的俄国还是波兰，至今仍有争议。但是有一点可以确定，伏特加同属于这两个国家，深受两国人民的喜爱，且都被称为"国酒"。

19世纪40年代，伏特加成为西欧国家流行的饮品。后来伏特加的生产技术被带到美国，随着其在鸡尾酒中的广泛使用，伏特加在美国也逐渐盛行起来。

三、伏特加的生产工艺

伏特加是以马铃薯或玉米、大麦、黑麦为原料，用蒸馏法蒸馏出酒精度高的酒液，再使酒液经过盛有大量木炭的容器，以吸附酒液中的杂质，最后用蒸馏水稀释，使其酒精度降至40°~50°而制成的，此酒不用陈酿即可出售、饮用，也有少量的伏特加在稀释后还要经过串香程序，使其具有芳香味道。

四、伏特加的分类

1. 中性酒精伏特加

中性酒精伏特加，除酒精味无其他气味，无色、无杂味、味烈、劲大。由于所含杂质少，口感纯净，并且可以以任何浓度与其他饮料混合饮用，所以常被用作鸡尾酒的基酒。中性酒精伏特加不用陈酿，是伏特加中最主要的产品。

2. 调香伏特加

调香伏特加是将中性酒精伏特加在橡木桶中储藏或浸泡花卉、药草、水果等而制成的，浸泡花卉等可增加其芳香和颜色。目前波兰等国家都在生产调香伏特加。

五、伏特加的主要产地及名品

（一）俄罗斯伏特加

1. 特点

俄罗斯伏特加与其他蒸馏酒相比较，在工艺上的特殊之处在于要进行高纯度的酒精提炼，使酒精含量达到96%，再将酒注入白桦活性炭过滤槽内做数小时的过滤，以滤去原酒中所含有的微量成分，最后再用蒸馏水稀释。俄罗斯伏特加一般无色透明，除酒精味外，几乎无其他香味，口味烈、冲鼻，火一样刺激，但饮后不上头。

2．名品

俄罗斯伏特加的著名品牌有红牌（Stolichnaya）（图1-3-40）、绿牌（Moskovskaya）（图1-3-41）、波士伏特加（Bolskaya）、柠檬那亚（Limonnaya）、皇冠伏特加（图1-3-42）等。

图1-3-40　红牌

图1-3-41　绿牌

图1-3-42　皇冠伏特加

（二）波兰伏特加

1．特点

波兰伏特加在世界上也很有名气，它的生产工艺与俄罗斯伏特加相似，主要区别在于波兰人在酿造过程中，加入了许多草卉、植物、果实等调香原料，所以波兰伏特加比俄罗斯伏特加香味丰富，更富有韵味。

2．名品

波兰伏特加的著名品牌有：兰牛（Blue rison）、维波罗瓦（Wyborowa）（图1-3-43）、维波罗瓦精致（图1-3-44）、朱波罗卡（Zubrowka）和雪树（Belvedere）等。

图1-3-43　维波罗瓦

图1-3-44　维波罗瓦精致

（三）其他国家伏特加

目前除俄罗斯和波兰外，美国、芬兰、瑞典、乌克兰等国家都在生产伏特加，但最著名的产地还是俄罗斯和波兰。

（1）美国的蓝天伏特加（Skyy vodka）是现在被全球最为普遍接受的伏特加之一，它在170多个国家销售，深受各地酒吧调酒师的欢迎。

（2）瑞典的绝对伏特加（Smirnoff）是世界上知名的伏特加品牌（图1-3-45～图1-3-47）。

（3）芬兰的著名品牌为芬兰地亚（Finlandia）（图1-3-48）。

（4）法国的伏特加著名品牌为灰雁伏特加（图1-3-49）、丹圣伏特加原味（图1-3-50）。

图1-3-45 瑞典伏特加原味

图1-3-46 瑞典伏特加柑橘味

图1-3-47 瑞典伏特加柠檬味

图1-3-48 芬兰地亚

图1-3-49 灰雁伏特加

图1-3-50 丹圣伏特加原味

六、伏特加的饮用与服务

1．载杯

净饮时选用利口杯或古典杯。

2．用量

标准用量为40毫升。

3．饮用方法

（1）净饮时，可备一杯冰水，快饮（干杯）是其主要的饮用方式。

（2）加冰块时，常选用古典杯。

（3）调制混合饮料　伏特加常用于调制混合饮料，尤其是中性酒精的伏特加被大量用做基酒来调制鸡尾酒，比较著名的有黑俄罗斯（Black Russian）、螺丝刀（Screw Driver）、血腥玛丽（Bloody Mary）等。

伏特加还可以作为烹调鱼、肉食的调料。

任务评估标准及其评估分值

评估指标	基本完成评估标准 评估分值60分	达到要求评估标准 评估分值40分	评估成绩100分
内容70分	内容全面丰富42分	观点正确，能够运用图表，上升到自我认识28分	
书写30分	书写认真，字迹优美18分	排版设计，有插图12分	

任务5 朗姆酒

【任务设立】

本任务要求学生查阅朗姆酒相关资料，了解朗姆酒文化，品尝朗姆酒后完成一篇1000字左右的文章，题目为："我心中的朗姆酒"。

本任务重点要求学生阐述朗姆酒的文化，生产工艺和饮用方法。介绍朗姆酒的著名品牌。

【任务目标】

带领学生接触洋酒，帮助学生认识朗姆酒。

提高学生收集资料，总结归纳能力。

【任务要求】

要求教师指导学生查阅资料，获取最新信息。

要求学生通过多种途径获得资料。

要求实训室准备朗姆酒。

【理论指导】

一、朗姆酒的概念

朗姆是英文"RUM"的音译，又被译为兰姆酒、罗姆酒。朗姆酒是以甘蔗或者甘蔗制糖的副产品——糖蜜和糖渣为原料，经原料处理、发酵、蒸馏，在橡木桶中陈酿而成的烈性酒。朗姆酒具有细致、甜润的口感，芬芳馥郁的酒精香味。

二、朗姆酒的起源

17世纪初，在北美洲（西印度群岛）的巴巴多斯岛，一位掌握蒸馏技术的英国移民以甘蔗为原料，蒸馏出朗姆酒，当地土著居民喝得很兴奋，而兴奋一词在当时的英语中为"Rumbullion"，所以他们用词首"RUM"作为这种酒的名字。很快这种酒就成为廉价的大众化烈酒，我们经常在一些影片中看到海盗们的形象就是拎着一瓶朗姆酒，喝得醉醺醺的，因此朗姆酒的绰号又叫做"海盗之酒"。18世纪，随着世界航海技术的进步以及欧洲各国殖民地政府的推进，朗姆酒在世界上广泛传播。

三、朗姆酒的主要产地

朗姆酒产于盛产甘蔗及蔗糖的地区，如牙买加、古巴、海地、多米尼加、波多黎各等加勒比海地区的一些国家，其中以牙买加、古巴生产的朗姆酒最有名。

四、朗姆酒的分类

朗姆酒通常按颜色分类。

1. 白色朗姆酒

白色朗姆酒又称淡色朗姆酒，酒液无色或者淡色，为清淡型朗姆酒，主要产地是波多黎各。制造时让入桶陈化的原酒，经过活性炭过滤，除去杂味。

2. 金色朗姆酒

酒液金黄色，味柔和、稍甜。是介于白色朗姆酒和深色朗姆酒之间的酒液，通常用两种酒混合而成。

3. 深色朗姆酒

深色朗姆酒又称黑色朗姆酒，呈深褐色，味浓郁。主要产地是牙买加，它是浓烈型朗姆酒，由掺入甘蔗糖渣的糖蜜在天然酵母菌的作用下缓慢发酵，然后在蒸馏器中进行二次蒸馏，最后在橡木桶中熟化5年以上而制成。

五、朗姆酒的名品

1. 百家得（Bacardi）

以百家得酿酒公司命名，该商标朗姆酒世界销量第一。百加得朗姆酒可以和任何软饮料调和，直接加果汁或者放入冰块后饮用，被誉为"随瓶酒吧"，是热门酒吧的首选品牌（图1-3-51）。

百家得151（图1-3-52）是金色朗姆酒，酒精度为75.5°，是全球现有酒精度数最高的烈性酒。

2. 摩根船长（Captain Morgan）

取名于海盗船长"亨利·摩根"，产于牙买加，在我国常见的有白（图1-3-53）、金、黑（图

图1-3-51 百家得

图1-3-52 百家得151

1-3-54）三种，富有热带
风味。

3. 美亚士（Myers）

美亚士（图1-3-55）是
牙买加最上等的朗姆酒，酒
味浓郁丰富，是选用酿化5年
以上、品质最出众的朗姆酒
调配而成的，与汽水或者柑
橘酒混饮，搭配完美。

朗姆酒的名品还有哈瓦
那俱乐部（Havanaclub）（图
1-3-56）、马利宝（Malibu）
（图1-3-57）和老牙买加
（Old Jamaica）等。

图1-3-53　摩根船长白

图1-3-54　摩根船长黑

图1-3-55　美亚士

图1-3-56　哈瓦那俱乐部

图1-3-57　马利宝

六、朗姆酒的饮用与服务

1. 载杯

一般使用古典杯。

2. 饮用方式

（1）净饮　可将1盎司朗姆酒放入古典杯中，杯中放一片柠檬。

（2）加水或加冰饮用　朗姆酒用古典杯加冰饮用，可加冰水、热水，加热水饮用可治疗
感冒。

（3）调配混合饮料　朗姆酒可与各种果汁混合饮用，也可以用来调配鸡尾酒，如自由古巴
（Cuba Librty）、百加得鸡尾酒（Bacardi Cocktail）。

任务评估标准及其评估分值

评估指标	基本完成评估标准 评估分值60分	达到要求评估标准 评估分值40分	评估成绩100分
内容70分	内容全面丰富42分	观点正确，能够运用图表，上升到自我认识28分	
书写30分	书写认真，字迹优美18分	排版设计，有插图12分	

任务6 特基拉

【任务设立】

本任务要求学生查阅特基拉相关资料，了解特基拉文化，品尝特基拉后完成一篇1000字左右的文章，题目为："我心中的特基拉"。

本任务重点要求学生阐述特基拉的文化，生产工艺和饮用方法。介绍特基拉的著名品牌。

【任务目标】

带领学生接触洋酒，帮助学生认识特基拉。

提高学生收集资料，总结归纳能力。

【任务要求】

要求教师指导学生查阅资料，获取最新信息。

要求学生通过多种途径获得资料。

要求实训室准备特基拉。

【理论指导】

一、特基拉酒的概念

特基拉（Tequila）又称特其拉，是墨西哥的特产，被称为墨西哥的灵魂，是其国酒。它是以其产地墨西哥第二大城市格达拉哈附近的小镇Tequila而命名的。

特基拉酒是以墨西哥的植物龙舌兰（Agave）为原料，经过发酵、蒸馏得到的烈性酒，又称为龙舌兰酒。

特基拉酒带有龙舌兰独特的芳香味，口味浓烈，酒精度大多为38°～45°，在北美很受欢迎。

二、特基拉的起源

相传很早以前，人们从野火燃烧后的地里，偶然发现龙舌兰的根茎受热发酵后会产生一种奇特的滋味，于是，萌发了以此酿造酒的想法。这种酒，因产于墨西哥的特基拉小镇，而被称为"特基拉酒"。每逢喜庆或是贵客临门，墨西哥人必定要奉上被誉为国酒的特基拉。

三、特基拉的生产工艺

特基拉酒的生产原料是一种叫做龙舌兰的植物，属于仙人掌类，经过10年的栽培方能酿酒。特基拉在制法上也不同于其他的蒸馏酒，酿造时，将龙舌兰的叶子全部切除，将含有甘甜汁液的茎块切割后放入专用糖化锅内煮，待糖化过程完成后，将其榨汁注入发酵罐中，加入酵母和上次的部分发酵汁。发酵后，采用连续蒸馏法进行蒸馏，即生产出具有龙舌兰风味的特基拉。新蒸馏出来的特基拉可放在木桶内陈酿，也可以直接装瓶销售。

四、特基拉的分类

根据特基拉酒的颜色，可以分为白色和金色两种。

1. 白色特基拉

酒液无色，又称银色特基拉，不需要熟化，为非陈年酒。

2. 金色特基拉

酒液呈金黄色，为短期陈酿酒，要求在橡木桶中至少储存2～4年，以增添色泽和口味。

五、特基拉名品

著名的特基拉品牌有豪帅快活（Jose Cuervo）（图1-3-58）、索查（Sauza）、奥美加金（Olmeca Tequila Gold）（图1-3-59）、奥美加银（Olmeca Blanco）（图1-3-60）、欧雷（Ole）、玛丽亚尼（Maviachi）、白金武士（图1-3-61）等。

六、特基拉的饮用与服务

1. 载杯

可以使用古典杯。

2. 用量

一般为1盎司。

3. 饮用方式

（1）净饮　一般将1盎司的特基拉放入古典杯中，再准备一个小碟，碟内放几片柠檬和少量食盐，饮用时，将食盐撒在手背或者虎口处，舔食食盐，吞食柠檬片，倒入一口特基拉酒。

图1-3-58　豪帅快活

图1-3-59　奥美加金

图1-3-60　奥美加银

图1-3-61　白金武士

（2）加冰饮用　用古典杯加冰块饮用。

（3）调配混合饮料　特基拉可与果汁混饮，也可调制鸡尾酒，如特基拉日出（Tequila Sunrise）、玛格利特（Margarita）等。

【任务评价】

任务评估标准及其评估分值

评估指标	基本完成评估标准 评估分值60分	达到要求评估标准 评估分值40分	评估成绩100分
内容70分	内容全面丰富42分	观点正确，能够运用图表，上升到自我认识28分	
书写30分	书写认真，字迹优美18分	排版设计，有插图12分	

任务 7　中国白酒

【任务设立】

本任务要求学生查阅中国白酒的相关资料，了解其文化，品尝后完成一篇1000字左右的文章，题目为："我心中的中国白酒"。

本任务重点要求学生阐述中国白酒的文化，生产工艺和饮用方法。介绍中国白酒的著名品牌。

【任务目标】

带领学生接触中国白酒，帮助学生了解中国白酒文化。

提高学生收集资料，总结归纳能力。

【任务要求】

要求教师指导学生查阅资料，获取最新信息。

要求学生通过多种途径获得资料。

要求实训室准备中国白酒。

一、中国白酒的发展

（一）中国白酒的概念

中国白酒是以谷物、薯类等为原料，经发酵、蒸馏制成的烈性酒。由于该酒为无色液体，因此称为白酒。白酒的酒精度在38°~67°。

白酒是中华民族的传统饮品，有数千年的历史，发展到现在，已成为世界蒸馏酒中产量最大、品种最多的蒸馏酒。但由于中国的白酒的出口量极少，所以在其他国家影响不大。

（二）中国白酒的起源与发展

我国很早就有白酒的概念，但当时不是指现在意义上的蒸馏酒，而是黄酒中的一种，至于我国最早的蒸馏酒起源于哪个朝代，民间、史学界、考古界有多种论述，说法不一，最早的说法是东汉时期就有了，最多的说法是唐代和宋代。

白酒究竟源于何时，史学界主要有三种说法：

一种说法起源于唐代。唐代文献中"烧酒""白酒""蒸酒"之类的词已出现。唐诗人雍陶诗云："自到成都烧酒熟，不思身更入长安。"田锡的《曲草本》载："暹罗酒以烧酒复烧二次，珍贵异香……"赵希鹄的《调燮类编》中有："生姜不可与烧酒同用。饮白酒生韭令人增病。"有人认为，我国民间长期相传把蒸酒称为烧锅，烧锅生产的酒即为烧酒。

另一种说法是起源于宋代。在宋代继唐代"烧酒"名词外又出现了"蒸酒"。如苏舜钦的"时有飘梅应得句，苦无蒸酒可沾巾"。1975年在河北承德市青龙县出土的金代铜质蒸馏器，被认定为烧酒器，其制作年代最迟不超过1161年的金世宗时期（南宋孝宗时），可作为白酒起源于宋代的凭证。

还有一种说法源自明代药物学家李时珍。他在《本草纲目》中记载："烧酒非古法也。自元时始创其法，用浓酒和糟入甑，蒸令气上，用器承取滴露。凡酸败之酒，皆可蒸烧。近时惟以糯米或或粳米或黍或秫或大麦蒸熟，和麹酿瓮中七日，以甑蒸取。其清如水，味极浓烈，盖酒露也。"不仅肯定酒始于元代，还简要记叙了造酒之法。江西李渡无形堂元代烧酒作坊遗址，是中国白酒最晚起源于元代的最有力的证据。

不管怎么说，中国白酒都是世界上最早、最有特色的蒸馏酒之一。

白酒是我国劳动人民创造的一种特殊饮品，千百年来经久不衰，并不断发展提高，国内消费量逐渐上升，出口量不断增加。

我国古代的商品交换中，白酒仅次于盐、铁，是国家财政收入的重要财源之一。早在明清时代，白酒就逐渐代替黄酒。1949—1985年，白酒的产量一直居于我国酒类总产量之首，1985年后由于啤酒的发展，白酒列酒类产量第二位。白酒在人民生活中有特殊的地位，无论是喜庆丰收、欢度佳节、婚丧嫁娶，还是医药保健等都离不开酒。我国的一些行业的作业工人、农民、高寒地区的牧民、居民对白酒具有某种职业需要和生活需求。适量的饮用可以振奋精神、促进血液循环。白酒又有杀菌、去腥、防腐作用，用于医药源远流长。

白酒工业的发展也促进了配套工业的发展，近年来白酒行业机械化有了很大的发展，需要的包装材料越来越多，配套的玻璃、陶瓷、造纸、印刷、瓶盖等一系列的配套工业都有很大的发展。同时，酿酒后的酒糟的综合利用，促进了农业、能源的发展。当然，我们也应清醒地认识到白酒的酿造对粮食的消耗。白酒的发展以节粮和满足消费为目标，以"优质、低度、多品种、低消耗、少污染和高效益"为方向。

二、中国白酒的生产原料

白酒的生产原料主要有高粱、玉米、大麦、大米、糯米、小麦等粮食谷物，以红薯为主的薯类，以及米糠、稻皮、谷糠等代用原料，但主要是前两种原料。

我国酿酒人士对白酒的风格与原料的关系，有"高粱香、玉米甜、大米净、大麦冲"的说法。酿酒原料的不同和原料的质量优劣，与产出的酒的质量和风格有极密切的关系，因此，在生产中要严格选料。

三、中国白酒的生产工艺

中国白酒的生产工艺与其他国家的蒸馏酒相比非常独特。虽然中国白酒的产地辽阔，原料多样，生产工艺也不尽相同，但是生产工艺有以下共同点：中国白酒是以含有淀粉或糖类的物质为主要原料，以曲为糖化发酵剂，糖化和发酵同时进行（即采用复式发酵法）。原料投产后，一般要经过多次糖化和发酵，多次蒸馏，长期储存而成酒。

四、中国白酒的命名

1. 以地名或地方特征命名

以一个地名或地方名胜来命名，如贵州茅台酒、泸州老窖酒、双沟大曲酒、黄鹤楼酒、孔府家酒、赤水河酒、杏花村酒、趵突泉酒等。

2. 以生产原料和曲种命名

以生产白酒所用的粮食原料及曲种来命名，如五粮液酒、双沟大曲酒、浏阳河小曲酒、高粱酒、沧州薯干白酒等。

3. 以生产方式命名

主要是以"坊""窖""池"等作酒名，让人感到这酒的年代的悠久，有信任感。如泸州老窖酒、水井坊酒、伊力老窖酒等。

4. 以帝王将相、才子佳人命名

如两相和酒、曹操酒、宋太祖酒、百年诸葛酒、华佗酒、太白酒、关公坊酒、文君井酒、屈原大曲酒等。

5. 以佛教道教、仙神鬼怪命名

如老子酒、庄子酒、小糊涂仙酒、酒鬼酒、酒神酒等。

还有的酒以诗词歌赋、历史故事、历史年代、情感或动植物命名。

五、中国白酒的香型

中国白酒的香型主要有以下五种。

1. 酱香型

酱香型又称为茅香型，以贵州茅台酒为代表。

酱香型白酒是由酱香酒、窖底香酒和醇甜酒等勾兑而成的。所谓酱香是指酒品具有类似酱食品的香气，酱香型酒香气的组成成分极为复杂，至今未有定论，但普遍认为酱香是由高沸点的酸性物质与低沸点的醇类组成的复合香气。

这类香型的白酒香气香而不艳、低而不淡、醇香幽雅、不浓不猛、回味悠长，倒入杯中过夜香气久留不散，且空杯比实杯还香，令人回味无穷。

2. 浓香型

浓香型又称泸香型，以四川泸州老窖特曲为代表。

浓香型的酒具有芳香浓郁、绵柔甘洌、香味协调，入口甜，落口绵，尾净余长等特点，这也是判断浓香型白酒酒质优劣的主要依据。构成浓香型酒典型风格的主体是乙酸乙酯，这种成分含香量较高且香气突出。浓香型白酒的品种和产量均属全国大曲酒之首，全国八大名酒中，五粮液、泸州老窖特曲、剑南春、洋河大曲、古井贡酒都是浓香型白酒中的优秀代表。

3．清香型

清香型又称汾香型，以山西杏花村汾酒为主要代表。

清香型白酒酒气清香芬芳醇正、口味甘爽协调，酒味醇正，醇厚绵软。酒体组成的主体香是乙酸乙酯和乳酸乙酯，两者结合成为该酒主体香气，其特点是清、爽、醇、净。清香型风格基本代表了我国老白干酒类的基本香型特征。

4．米香型

米香型酒是指以桂林三花酒为代表的一类小曲米液，是中国历史悠久的传统酒种。

米香型酒，蜜香清柔，幽雅纯净，入口柔绵，回味怡畅，给人以朴实醇正的美感，米香型酒的香气组成是乳酸乙酯含量大于乙酸乙酯，高级醇含量也较多，共同形成它的主体香。这类酒的代表有桂林三花酒、全州湘山酒、广东长乐烧等小曲米酒。

5．兼香型

兼香型通常又称为复香型，即兼有两种以上主体香气的白酒。

这类酒在酿造工艺上吸取了清香型、浓香型和酱香型酒的精华，在继承和发扬传统酿造工艺的基础上独创而成。兼香型白酒之间风格相差较大，有的甚至截然不同，这种酒的闻香、口香和回味香各有不同香气，具有一酒多香的风格。兼香型酒以董酒为代表，董酒酒质既有大曲酒的浓郁芳香，又有小曲酒的柔绵醇和、落口舒适甜爽的特点，风格独特。

以上几种香型只是中国白酒中比较明显的香型，但是，有时即使是同一香型白酒香气也不一定完全一样，如同属于浓香型的五粮液、泸州老窖特曲、古井贡酒等，它们的香气和风味也有显著的区别，其香韵也不相同。

六、中国白酒的饮用与服务

1．用杯

所用杯具为利口酒杯或高脚酒杯，传统为小型陶瓷酒杯。

2．饮用时机

一般作为佐餐酒。

3．饮用方式

（1）净饮　传统冬季可温烫，东南亚习惯冰镇。

（2）调配混合饮料　在调制中式鸡尾酒中用作基酒。如用五粮液、橙汁、红石榴汁制成的鸡尾酒"遍地黄金"。

七、中国白酒的著名品牌

1．茅台酒

茅台酒被誉为中国的国酒。产于贵州北部的仁怀县茅台镇，是我国大曲酱香型酒的鼻祖。具有独特的空杯留香的特点，传统酒精度53°。

2．汾酒

汾酒产于山西汾阳县杏花村。酒精度有38°、53°、65°三种。属于大曲清香型酒。

3．泸州老窖

泸州老窖产于四川省泸州市，属于大曲浓香型白酒。无色透明。具有浓香、醇和、味甜、回味长的四大特色。酒精度有38°、52°、60°三种。

4. 五粮液

五粮液产于四川省宜宾市。五粮液为浓香大曲酒中出类拔萃之佳品，酒精度有39°、52°、60°三种。

5. 洋河大曲

洋河大曲产于江苏省，属于浓香型的大曲白酒。其突出特点是：甜、绵软、净、香。其酒精度为38°、48°、55°。

6. 西凤酒

西凤酒产于陕西省。属于复合香型的大曲白酒。被誉为"酸、甜、苦、辣、香五味俱全而各不出头"酒精度有39°、55°、65°三种。

7. 古井贡酒

古井贡酒产于安徽省亳州。古井贡酒酒液清澈透明，幽香如兰，黏稠挂杯，酒味醇和，浓郁甘润，余香悠长。酒精度有38°、55°、60°三种。

8. 剑南春

剑南春产于四川省。属于浓香型大曲酒。剑南春以"芳、冽、甘、醇"闻名。酒精度有38°、52°、60°三种。

9. 郎酒

郎酒产于四川省。属于酱香型大曲酒。郎酒以"酱香浓郁、醇厚净爽、幽雅细腻、回味甜长"的独特风格著称。酒精度有39°和53°两种。

10. 董酒

董酒产于贵州省遵义市。董酒由于酒质芳香奇特，被人们誉为其他香型白酒独树一帜的"药香型"或"兼香型"典型代表。酒精度有38°和58°两种。

【任务评价】

任务评估标准及其评估分值

评估指标	基本完成评估标准 评估分值60分	达到要求评估标准 评估分值40分	评估成绩100分
内容70分	内容全面丰富42分	观点正确，能够运用图表，上升到自我认识28分	
书写30分	书写认真，字迹优美18分	排版设计，有插图12分	

项目小结

本项目系统学习了世界著名的七大蒸馏酒，白兰地、威士忌、金酒、伏特加、朗姆酒、特基拉、中国白酒，其中威士忌、金酒、伏特加、中国白酒主要生产原料为谷物，白兰地的主要生产原料为水果，朗姆酒的主要生产原料为甘蔗，特基拉的主要生产原料为龙舌兰。这七类蒸馏酒通常在餐前或餐后饮用，可以净饮，也可加冰、加水，还可调配混合饮料，是调制鸡尾酒的基酒。

实验实训

安排1～2次直观教学活动，组织学生认识七大蒸馏酒名品的酒标、瓶型等。分组进行洋酒名品知识竞赛。

思考与练习题

1. 试述白兰地的原料、主要产地、名品和饮用服务。
2. 试述威士忌的原料、主要产地、名品和饮用服务。
3. 试述金酒的原料、主要产地、名品和饮用服务。
4. 试述伏特加的原料、分类、名品和饮用服务。
5. 试述朗姆酒的原料、分类、名品和饮用服务。
6. 试述特基拉的原料、分类、名品和饮用服务。

项目四
酿造酒

■ **项目概述**

　　酿造酒按原料性质分两大类：一类是以水果为原料酿造而成，常见的有各种葡萄酒；另一类是以粮食为原料酿造而成，最为常见的当属啤酒，还有黄酒、清酒等。酿造酒又称发酵酒或原汁酒。它是依靠酵母的发酵原理，把含有淀粉和糖类原料的物质发酵，在糖化酶的作用下产生酒精成分而形成的酒。酿造酒是最自然、传统的酿酒方式。酒精度低，对人体的刺激性小。酒中含有多种营养成分，合理饮用有益身体健康。

■ **项目学习目标**

了解葡萄酒、啤酒、黄酒、清酒的含义、特点
掌握葡萄酒的命名、年份、储存、等级、酿造工艺和类别
了解国内外葡萄酒、啤酒、黄酒、清酒的著名品牌

■ **项目主要内容**

● 酿造酒概述
　葡萄酒、啤酒、黄酒、清酒的概念、起源与发展、分类、生产工艺
　葡萄酒的命名
　葡萄酒、啤酒、黄酒的质量鉴别、储存
● 世界著名葡萄酒、啤酒产地及名品
　法国葡萄酒
　意大利葡萄酒
　其他国家的葡萄酒、啤酒
● 中国葡萄酒、黄酒
　中国葡萄酒发展概况
　主要酿酒葡萄产地及著名葡萄酒厂
　主要名优黄酒

【任务设立】

要求学生在了解葡萄酒的分类、储藏和饮用方法的基础上，规范操作葡萄酒服务。

【任务目标】

帮助学生鉴别葡萄酒的类别和优劣。
帮助学生规范葡萄酒服务程序。

【任务要求】

要求老师现场指导，提出问题并帮助解决问题。
要求实训室提供葡萄酒、开瓶器、杯具及其他用品。

【理论指导】

一、葡萄酒的概念

葡萄酒是以葡萄为原料，经过发酵酿制而成的酒，属于一种发酵酒。通常酒中的乙醇含量低，酒精度为10°~14°，葡萄酒主要用于佐餐，所以，被称为佐餐酒（Table Wines）。此外，以葡萄酒为主要原料，加入少量的白兰地或食用酒精而配制的酒也称为葡萄酒。但因制造过程中加入了少量的蒸馏酒，因此，属于配制酒的范畴。葡萄酒含有丰富的营养素，主要包括维生素和矿物质，饮用后可帮助消化并有滋补强身的功能。常饮用少量的红葡萄酒能减少脂肪在动脉血管上的沉积，对防止风湿病、糖尿病、骨质疏松症等有一定的功效。

二、葡萄酒的起源与发展

探寻葡萄酒的起源，需追溯到远古时期。据史料记载，约公元前5000年，古埃及人就开始饮用葡萄酒。当时，葡萄酒的产量非常稀少，只有少数的贵族才能享用，所以，品尝葡萄酒就象征着拥有政治权力，在埃及法老图坦卡门的陪葬品中，就发现了数十个装了葡萄酒的双耳陶土瓶。由此可知，发展到这个阶段，葡萄酒已不再是单纯的酒精饮料，而且具有了浓厚的宗教与政治意义。

葡萄酒被传入希腊后，获得了很大的发展。公元前300年，希腊的葡萄栽培已极为兴盛，葡萄酒也成为希腊文化中相当重要的一部分。公元前5世纪，罗马国慢慢兴起，当国势日强后，不但控制了整个意大利，同时还掌握了希腊殖民者在当地建立的葡萄园。罗马人从希腊人手中学会了葡萄酒的栽培和酿造技术后，很快地进行了推广。随着罗马帝国的扩张，葡萄酒的栽培和酿造技术迅速传遍法国、西班牙、北非及德国莱茵河流域地区，并形成了很大的规模。

15世纪后，葡萄栽培和葡萄酒的酿造技术传入了南非、澳大利亚、新西兰、日本、朝鲜和美洲等地。16世纪，西班牙殖民主义者将欧洲葡萄品种带入墨西哥和美国的加利福尼亚地区，英国殖民主义者将葡萄栽培技术带到美洲大西洋海岸地区。

19世纪中叶，美国葡萄酒生产有了很大的发展，美国人从欧洲引进了葡萄苗木并在加州建起了葡萄园。从此，美国的葡萄酒业逐渐发展起来。

现在，葡萄酒作为一种国际商品，其生产、消费量都比较大，在世界酒业中一直占有极其重要的地位。据不完全统计，世界各国用于酿造的葡萄园的面积达十几万平方千米，直接以葡萄酿造为生的人口有3700万之多。

世界上生产葡萄酒质量最好的国家要属法国。除此之外，德国、意大利、西班牙、葡萄牙等欧洲国家及美国、澳大利亚等国家也生产质量上乘的葡萄酒。

三、葡萄酒分类

全世界葡萄酒品种繁多，一般按以下几个方面进行葡萄酒的分类。

（一）按酒的颜色分类

1. 白葡萄酒

选择用白葡萄或浅红色果皮的酿酒葡萄，经过皮汁分离，取其果汁进行发酵酿制而成的葡萄酒，这类酒的色泽应近似无色，浅黄带绿、浅黄或禾秆黄。

2. 红葡萄酒

选择用皮红肉白或皮肉皆红的酿酒葡萄，采用皮汁混合发酵，然后进行分离陈酿而成的葡萄酒，这类酒的色泽应成自然宝石红色、紫红色、石榴红色等。失去自然感的红色不符合红葡萄酒的色泽要求。

3. 桃红葡萄酒

此酒是介于红、白葡萄酒之间，选用皮红肉白的酿酒葡萄，进行皮汁短时期混合发酵达到色泽要求后进行分离皮渣，继续发酵，陈酿成为桃红葡萄酒。这类酒的色泽应该是桃红色、玫瑰红或淡红色。

（二）按酒内糖分分类

1. 干葡萄酒

干葡萄酒亦称干酒，原料（葡萄汁）中糖分完全转化成酒精，残糖量在0.4%以下，口评时已感觉不到甜味，只有酸味和清怡爽口的感觉。干酒是世界市场主要消费的葡萄酒品种，也是我国旅游和外贸中需要量较大的种类。干酒由于糖分极少，所以葡萄品种风味体现最为充分，通过对干酒的品评是鉴定葡萄酿造品种优劣的主要依据。

2. 半干葡萄酒

含糖量在4～12克/升，欧洲与美洲消费较多。

3. 半甜葡萄酒

含糖量在12～40克/升，味略甜，是日本和美国消费较多的品种。

4. 甜葡萄酒

葡萄酒含糖量超过40克/升，口评能感到甜味的称为甜葡萄酒。质量高的甜酒是用含糖量高的葡萄为原料，在发酵尚未完成时即停止发酵，使糖分保留在4%左右，但一般甜酒多是在发酵后另行添加糖分。中国及亚洲一些国家甜葡萄酒消费较多。

（三）按是否含二氧化碳分类

1. 静酒

不含二氧化碳的酒为静酒。

2. 汽酒

含二氧化碳的葡萄酒为汽酒，这又分为两种：

（1）天然汽酒　酒内二氧化碳是发酵中自然产生的，如法国香槟省出产的香槟酒。

（2）人工汽酒　二氧化碳是用人工方法加入酒内的。

（四）按酿造方法分类

1. 天然葡萄酒

完全以葡萄为原料发酵而成，不添加糖分、酒精及香料的葡萄酒。

2. 特殊葡萄酒

特种葡萄酒是指用新鲜葡萄或葡萄汁在采摘或酿造工艺中使用特种方法酿成的葡萄酒，又分为以下几种。

（1）加强葡萄酒　在天然葡萄酒中加入白兰地、食用酒精或葡萄酒精、浓缩葡萄汁等，酒精度在15°～22°的葡萄酒。

（2）加香葡萄酒　以葡萄原酒为酒基，经浸泡芳香植物或加入芳香植物的浸出液（或蒸馏液）而制成的葡萄酒。

（3）冰葡萄酒　将葡萄推迟采收，当气温低于−7℃，使葡萄在树体上保持一定时间，结冰，然后采收、带冰压榨，用此葡萄汁酿成的葡萄酒。

（五）按饮用方式分类

1. 开胃葡萄酒

在餐前饮用，主要是一些加香葡萄酒，酒精度一般在18°以上，我国常见的开胃酒有"味美思"。

2. 佐餐葡萄酒

同正餐一起饮用的葡萄酒，主要是一些干型葡萄酒，如干红葡萄酒、干白葡萄酒等。

3. 餐后葡萄酒

在餐后饮用，主要是一些加强的浓甜葡萄酒。

四、葡萄酒的酿造与储藏

（一）葡萄酒的生产工艺

1. 红葡萄酒的酿造过程

（1）破皮去梗　红酒的颜色和紧涩口味主要来自葡萄皮中的红色素和单宁等，所以必须先破皮让葡萄汁液能和皮接触释放出这类物质。

（2）浸皮与发酵　完成破皮去梗后葡萄汁和皮会一起放入酒槽中，一边发酵一边浸皮。较高的温度可以加深酒的颜色，但过高的温度会杀死酵母并丧失葡萄酒的新鲜果香，所以温度的控制必须适度（30℃）。发酵产生的二氧化碳会将葡萄皮推到酿酒槽顶端，无法达到浸皮的效果，可用邦浦淋酒、机械搅拌或用脚踩碎葡萄皮块和葡萄酒充分混合。浸皮的时间越长，释入酒中的酚类物质、香味物质、矿物质等越浓。发酵完后，酒槽中液体的部分导引到其他酒槽。固体的部分则还须经过榨汁的程序。

（3）榨汁　葡萄皮榨汁后所得的液体浓稠，单宁含量高，酒精度低，部分将加到葡萄酒中。

（4）橡木桶培养　所有高品质的红酒都经橡木桶的培养，有补充红酒的香味，提供适度的氧气使酒更圆润和谐等功用。培养时间依据酒质而定，较涩的酒需要较长的时间，通常不会超过两年。

（5）酒槽培养　适合年轻人饮用的红葡萄酒通常只在酒槽中培养，培养过程主要为了提高稳定性，使酒成熟，口味更和谐。

（6）澄清　红酒是否清澈跟品质没有太大的关系。为了美观，或使酒更稳定，通常还会进行澄清及过滤的程序。

（7）装瓶。

2. 白葡萄酒的酿造过程

（1）采收　白葡萄比较容易氧化，采收时必须尽量保持果粒完整以免葡萄氧化影响品质。

（2）破皮　白葡萄榨汁前有时会先进行破皮挤出果肉，有时也会先去梗。红葡萄则一律直接榨汁。

（3）榨汁　葡萄的皮、梗和籽中的单宁和油脂会影响白葡萄酒品质，榨汁必须温和进行，葡萄梗提供空隙，方便榨汁的进行。

（4）澄清　葡萄汁需经过沉淀才开始发酵，约需一天的时间。

（5）橡木桶发酵　许多白葡萄酒的发酵是在橡木桶中进行，容量小散热快，有很好的控温效果，发酵过程中橡木桶的木香、香草香等气味会融入葡萄酒中使酒香更丰富，清淡的白葡萄酒并不太适合此种方法。

（6）酒槽发酵　一般白葡萄酒的发酵主要在不锈钢桶中进行，为了缓慢进行以保留葡萄原有的香味及细腻口感，温度必须控制在18～20℃。

（7）橡木桶培养　发酵后死亡的酵母会沉淀于桶底，定时搅拌让死酵母和酒混合，可以让酒变得更圆润。桶壁会渗入微量的空气，经桶中培养的白酒颜色较为金黄，香味更趋成熟。

（8）酒槽培养　白葡萄酒发酵完之后还需经过乳酸发酵等程序使酒变得更稳定。由于白葡萄酒比较脆弱，培养的过程必须在密封的酒槽中进行。乳酸发酵之后会减弱白葡萄酒酸味。

（9）澄清　装瓶前，还要去掉死酵母和葡萄碎屑等杂质。可以用换桶、过滤法等方式澄清葡萄酒。

（10）装瓶。

（二）葡萄酒的储存

新鲜葡萄汁（浆）经发酵而制得的葡萄酒称为原酒。原酒不具备商品的质量水平，还需要经过一定时间的储存（或称陈酿）和适当的工艺处理，使酒质逐渐完善，最后达到商品葡萄酒应有的品质。

储酒一般需在低温下进行，老式葡萄酒厂储存过程是在传统的地下酒窖中进行，随着近代冷却技术的发展，葡萄酒厂的储存已向半地上、地上和露天储存方式发展。

储酒室条件：

（1）温度　一般以8～18℃为佳。干酒10～15℃，白葡萄酒8～11℃，红葡萄酒12～15℃，甜葡萄酒16～18℃，山葡萄酒8～15℃。

（2）湿度　以饱和状态（85%～90%）为宜。

（3）通风　室内有通风设施，保持室内空气新鲜。

（4）卫生　室内保持清洁。

合理的葡萄酒储存期，一般白葡萄原酒储存期为1～3年。干白葡萄酒则更短，为6～10个月。红葡萄酒由于酒精含量较高，同时单宁和色素物质含量也较多，色泽较深。适合较长时间储存，一般为2～4年。其他生产工艺不同的特色酒，更适宜长期储存，一般为5～10年。

（三）葡萄酒的饮用

1. 葡萄酒饮用时的最佳温度

（1）红葡萄酒　室温，约18℃。一般的红葡萄酒，应该在饮用前1～2小时先开瓶，让酒呼吸一下，名为"醒酒"。对于比较贵重的红葡萄酒，一般也要先冰镇一下，时间约1小时。

（2）白葡萄酒　10～12℃。对于酒龄高于5年的白葡萄酒可以再低1～2℃，因此，喝白葡萄酒前应该先把酒冰镇一下，一般在冰箱中要冰2小时左右。

（3）香槟酒（气泡葡萄酒）　8～10℃。喝香槟酒前应该先冰镇一下，一般至少冰3小时，因为香槟的酒瓶比普通酒瓶厚2倍。

2. 葡萄酒与酒杯的搭配

（1）红葡萄酒　郁金香型高脚杯（图1-4-1），杯身容量大则葡萄酒可以自由呼吸，杯口略收窄则酒液晃动时不会溅出来且香味可以集中到杯口。持杯时，可以用拇指、食指和中指捏住杯颈，手不能碰到杯身，避免手的温度影响葡萄酒的最佳饮用温度。

（2）白葡萄酒　小号的郁金香型高脚杯（图1-4-2），杯身容量大则葡萄酒可以自由呼吸，杯口略收窄则酒液晃动时不会溅出来且香味可以集中到杯口，白葡萄酒饮用时温度要低，白葡萄酒一旦从冷藏的酒瓶中倒入酒杯，其温度会迅速上升，为了保持低温，每次倒入杯中的酒要少，斟酒次数要多。

（3）香槟（气泡葡萄酒）　杯身纤长的直身杯或敞口杯（图1-4-3），便于酒中金黄色的美丽气泡上升过程更长，从杯体下部升腾至杯顶的线条更长，让人欣赏和遐想。

（4）干邑（白兰地）　郁金香球型矮脚杯（图1-4-4），持杯时便于用手心托住杯身，借助人的体温来加速酒的挥发。

图1-4-1　郁金香型高脚杯　　　图1-4-2　小号郁金香型　　　图1-4-3　直身杯　　　图1-4-4　郁金香球型短脚杯
　　　　　　　　　　　　　　　　　　　高脚杯

3. 葡萄酒的服务操作

品饮葡萄酒实际上是在分享一种高贵的、内涵极为丰富的艺术品。葡萄酒的文化所表现的是一种协调美，这种协调使得葡萄酒已不再是纯粹的葡萄酒，而是一种自然平衡的杰作，是人类理性与感性的结晶。葡萄酒服务操作面对客人，服务技术常常给人留下深刻的印象。技术高超而又体察入微的酒吧工作人员动作正确、迅速、简便而又优美，可以运用娴熟的操作技术来创造热烈的饮酒气氛，使客人达到精神上的满足，因此葡萄酒的服务操作不仅需要一定的技术功底。而且需要相当的表演天赋。

（1）示瓶　在餐厅酒吧中，客人常点整瓶葡萄酒。凡客人点用的整瓶酒品未开启之前都应让客人过目；开瓶后由主人先品尝酒味，这已经成为酒品服务重要的礼仪规范。这种验酒程序一是表示对客人的尊重；二是核实一下是否有错误；三是证明酒品质量的可靠性。白葡萄酒酒标签面向客人，经客人认可后，置于冰桶内，放在点酒客人右侧以供饮用。红葡萄酒可放置在美观别致的酒篮中。因其陈年较久，常会有沉淀，故不要上下摇动。陈年红葡萄酒要经过滗酒处理，滗酒时容器温度应与酒液温度相同。然后将酒篮平放在客人右侧以供饮用。

（2）开瓶　开葡萄酒瓶的方法要视酒品特点的不同而有所不同。

① 选择一只良好的开瓶器。

② 割破锡箔纸。

③ 把瓶口擦干净。

④ 把开瓶器从瓶塞的中间钻进去。

⑤ 利用杠杆原理，将瓶塞慢慢地拔出来，再将木塞给客人鉴定，并同时用餐巾把瓶口擦干净。

⑥ 倒少量酒给点酒人品尝，认可后再斟酒。

⑦ 白葡萄酒一般斟1/2杯，红葡萄酒斟1/3杯。

五、世界著名葡萄酒产地及名品

世界上许多国家都生产葡萄酒，但从葡萄的种植面积、葡萄酒的产量以及葡萄品种来讲，以欧洲最为重要。欧洲著名的葡萄酒产地有法国、意大利、德国、葡萄牙等。这些葡萄酒生产国又被称为"旧世界葡萄酒生产国"。而一些新兴的葡萄酒生产国，如美国、澳大利亚、智利等被称为"新世界葡萄酒生产国"。

（一）法国葡萄酒

法国是世界上著名的葡萄酒生产国。法国千变万化的地质条件，得天独厚的温和气候，提供了葡萄优良品种成长所需的最佳条件；再加上传统与现代并存的技术，以及严格的品质管制系统，共同建立了这个最令人向往的葡萄酒天堂。

1. 法国葡萄酒的级别

法国有"葡萄酒王国"的美誉。法国葡萄酒是几个世纪的努力才达到无限完美的。法国葡萄酒的品质管制与分级系统非常完善，从1936年就已经开始运作，被许多葡萄酒生产国用来当作品质管制及分级的典范。

法国鉴别和规定葡萄酒产区的体系称为产地命名制（AOC）法，大多数法国葡萄酒是根据地名命名，而不是按葡萄的种类。每个葡萄酒产区都有其各自的组织来实施AOC法规（为当地专用），而且该组织有权规定并执行验试标准，此标准也因葡萄园不同而变化。这种体系的运作能确保基本的质量水平，也为划分不同质量等级提供了分类法。据说，法国文化的等级制度非常严格，葡萄酒行业当然也如此。

依据欧洲共同体（EEC）的规定，葡萄酒可分为两大类：日常餐酒（Vine de Table）和特定地区的葡萄酒（简称VQPRD）。在法国，这两大类各再分为两小类，所以法国葡萄酒共分为四个等级，即：法定产区葡萄酒（AOC）、优良产区葡萄酒（V.D.Q.S）、地区餐酒（Vins De Pays）和日常餐酒（Vine De Table）。

法国葡萄酒的生产可以用一个金字塔（图1-4-5）来代表，在基部的是普通的日常餐酒，而法定产区葡萄酒则位于顶端。

（1）日常餐酒（Vine De Table） 依产区的不同，此类酒最低酒精含量不得低于8.5%或9.0%；最高则不超过15%。凡是产于法国，不论是来自单一产区或数个产区的酒调配而成，都可以称为法国日常餐酒。若是由欧洲共同体市场的酒调配酿造，则标签上会出现（来自×××的葡萄酒在法国酿造的葡萄酒）。调配EEC以外国家的葡萄酒是禁止的。日常餐酒通常被冠上商标名称推广，而各商标葡萄酒的特性和品质并不一样，通过调配技术，各酒厂希望生产出品质每年都一致且风格能迎合市场的葡萄酒。

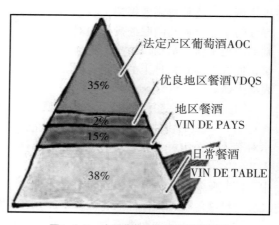

图1-4-5 法国葡萄酒金字塔形等级图

日常餐酒 Vin De Table

——是最低档的葡萄酒，作日常饮用。

——可以由不同地区的葡萄汁勾兑而成，如果葡萄汁限于法国各产区，可称法国日常餐酒。

——不得用欧共体外国家的葡萄汁。

——产量约占法国葡萄酒总产量的38%。

——酒瓶标签标示为 Vin de Table （图1-4-6）：

（2）地区餐酒（Vins De Pays） 地区餐酒是由最好的日常餐酒升级而成的。地区餐酒的标签上可以标示产区。要定级为地区餐酒，必须符合以下品质标准。

① 只能使用被认可的葡萄品种，而且必须产自标签上所标示的特定产区。

② 在地中海地区必须有10%的天然酒精含量；其他地区则要9%或9.5%。

③ 经分析后，必须有符合该类葡萄酒的相关特性，同时，要有令人满意的口味和香味，并且必须经过政府的品酒委员会品尝、核准。

地区餐酒 Vin De Pays

——地区餐酒是由最好的日常餐酒升级而成的。

——地区餐酒的标签上可以标明产区。

——可以用标明产区内的葡萄汁勾兑，但仅限于该产区内的葡萄。

——产量约占法国葡萄酒总产量的15%。

——酒瓶标签标示为 Vin de Pays + 产区名（图1-4-7）。

——法国绝大部分的地区餐酒产自南部地中海沿岸。

（3）优良地区餐酒（VDQS） 这类葡萄酒是在那些不太出名的产区生产的，在升为AOC等级之前的过渡等级葡萄酒，数量也不太多。

优良地区餐酒，级别简称 VDQS。

——是普通地区餐酒向AOC级别过渡所必须经历的级别。如果在VDQS时期酒质表现良好，则会升级为AOC。

——产量只占法国葡萄酒总产量的2%。

——酒瓶标签标示为 Appellation + 产区名 + Qualite Superieure（图1-4-8）。

（4）法定产区葡萄酒（AOC） 这是法国最高级葡萄酒。一个葡萄酒产区除了必须是传统产区外，还需具备优越的天然条件，如：土质、日照、雨量、坡度、地下土层等，以及严格的生产规定，如：葡萄品种的选择、剪枝方式、公顷种植密度、产量、酿造方式、酒精含量等不胜枚举，才能具备AOC的资格。并且，每一个AOC产区内的葡萄园必须通过委员会核定才能成为AOC级的葡萄酒。否则只能生产其他等级较低的葡萄酒。每年酿造出来的葡萄酒也必须通过委员会的检验和品尝，确定符合该AOC标准之后才可上市。同一地区内的各种AOC之间也可能有等级的差别，通常产地范围越小，葡萄园位置越详细的AOC等级越高。

法定产区葡萄酒，级别简称 AOC，是法国葡萄酒中的最高级别。

图1-4-6　日常餐酒酒瓶标签

图1-4-7　地区餐酒酒瓶标签

图1-4-8　优良地区餐酒酒瓶标签

——AOC在法文意思为"原产地控制命名"。

——原产地地区的葡萄品种、种植数量、酿造过程、酒精含量等都要得到专家认证。

——只能用原产地种植的葡萄酿制，绝对不可和别的葡萄汁勾兑。

——AOC产量大约占法国葡萄酒总产量的35%。

——酒瓶标签标示为 Appellation + 产区名 + Controlee（图1-4-9）。

图1-4-9　法定产区葡萄酒酒瓶标签

2．法国葡萄酒的主要产区

（1）波尔多（BORDEAUX）　谈到葡萄酒总是让人立即想到法国，而谈到法国葡萄酒又不能不让人联想到波尔多。波尔多是法国最大的酒乡，也是全世界高级葡萄酒最为集中及产量最多的地区，其区内的葡萄庄园多近万座。如果说法国已成为葡萄酒的代名词，那么波尔多便是法国葡萄酒的象征。

波尔多位于法国的西南方，地处多尔多涅河和加仑河的交汇处，而波尔多的原意即为"水边"。波尔多每年平均气温约12.5℃，年降水量900毫米，气候十分稳定，相当适合葡萄的种植。波尔多葡萄酒现在的年产量高达6亿升，几乎占法国AOC级葡萄酒产量的25%。

波尔多葡萄酒的起源相当早，公元1世纪的时候罗马商人就已经在此地开辟了葡萄园。当时引进的葡萄品种称为Biturica，相当适合本地区的气候，有可能是卡本内·苏维翁的前身。但随着罗马帝国的衰亡，波尔多葡萄酒也随之沉寂了10个世纪，直到12世纪由于北海商业的繁荣，促使国际贸易复兴及都市生活复苏，新兴城市迅速发展，葡萄酒业才慢慢发展起来。1152年，波尔多所属的亚奎丹公国女继承人伊莲娜与英国的亨利二世（于1154年称为国王）结婚，波尔多的葡萄酒因而在英国享有特权而大举发展起来，成为当时全球最大的葡萄酒出口地。由于自古即以出口为主，因此波尔多葡萄酒的发展，一直操纵在葡萄酒商手中，这和以教会修道院为中坚的勃艮地葡萄酒历史发展正好形成对比。这一时期波尔多地区的葡萄园主要分布在多尔多涅河畔的圣·艾美浓（St-Emilion）与较下游的布拉伊（Blaye）和布尔格（Bourg）以及加仑河的格拉夫（Graves）产区。目前波尔多最著名的梅多克（Medoc）产区，在此时期以出产玉米为主，葡萄的种植直到17世纪才慢慢发展起来。当时生产的葡萄酒，是混合红、白葡萄酒酿成的淡红葡萄酒（Claret），这也是英文中将波尔多葡萄酒称为Claret的由来。这些酒通常必须在出厂八九个月内就喝掉，以免变质，这和现今波尔多红酒耐久存的特性相去甚远。

① 气候：波尔多属于温带海洋性气候区，年平均气温12.5℃，年降水量约900毫米，气候十分稳定，相对适合葡萄的种植，经常危害葡萄园的春霜和冰雹也并不多见。温和潮湿，有利于葡萄叶芽的成长。夏季气候炎热，偶有短暂阵雨，十分有利于葡萄生长。秋季意外的大雨虽会给葡萄的丰收造成不良的影响，但因波尔多葡萄酒通常混合多种葡萄品种酿造而成，每种葡萄的成熟期有早晚之分，因此，可以减少意外气候变化所造成的损失。

② 土壤条件及地形：波尔多产区的葡萄园主要分布在吉隆特河、加仑河、多尔多涅河流域的河岸附近成条状分布的小圆丘上。这些葡萄园主要是从上游冲积下来的各类砾石堆积而成，具有贫瘠、容易向下扎根且排水性佳等多重优点，有利于生产浓厚、耐久存的优质葡萄酒。

③ 水：波尔多的葡萄园依河流大致可分成三部分：吉隆特河、加仑河的左岸梅多克、格拉夫等地区；吉隆特河及多尔多涅河右岸是圣艾美浓、庞梅洛等产区；加仑河和多尔多涅河之间即Entre-Deux-Mers（法文的意思是"两海之间"）产区。

④ 葡萄的品种：由于波尔多葡萄酒的知名度高，因此成为许多新兴葡萄酒产区效仿的对象，所以本区许多主要的葡萄品种，同时也在世界许多地区大量种植。波尔多所产葡萄酒以红酒占绝大多数，白葡萄酒仅占总产量的15％，所以种植面积以黑色品种较为重要，目前以梅洛葡萄种植最普遍。在波尔多不论红酒或白酒，大部分都是由多种品种混合而成，彼此互补不足或互添风采，以酿造出最丰富的香味和最佳的均衡口感，各葡萄品种混合的比例因各产区土质和气候的不同而有差别。波尔多地区用于酿酒的主要葡萄品种有：

• 红葡萄品种：卡本内·苏维翁、梅洛、卡本内·弗朗、马尔贝克。

• 白葡萄品种：白苏维翁、赛米雍、白维尼、可伦巴。

⑤ 波尔多的五大著名葡萄酒产区：波尔多的五大著名葡萄酒产区包括：梅多克（Medoc）、格拉夫（Graves）、圣·艾美浓（St-Emilion）、苏玳（Sauternes）、庞美罗（Pomerol）。

• 梅多克产区（Medoc）：虽然在波尔多葡萄酒发展史上，梅多克的葡萄酒发迹相当晚，但却因出产优质的红葡萄酒，在波尔多地区中的知名度最高。梅多克的红葡萄酒颜色近似红宝石，味道柔和，芳香细腻，具有女性的韵味且长期保存。

• 格拉夫产区（Graves）：格拉夫法文的意思是"砾石"。从中世纪开始，就以该地区的砾石土质而著名。这里几个世纪以来都是波尔多葡萄酒最重要的产区之一，并且是波尔多唯一同时生产高级红、白葡萄酒的产区，红葡萄酒占60％，葡萄品种也是以卡本内·苏维翁为主，但比例较梅多克低。这里所产的红葡萄酒比梅多克葡萄酒多一份圆润口感，成熟也较快一点，但仍相当耐久存。格拉夫的干白葡萄酒主要以白苏维翁和塞米雍两种品种为主。

• 圣·艾美浓产区（St-Emilion）：该区虽然和梅多克同属波尔多产区，但各种人文和天然条件却非常不同。本产区的葡萄品种主要以梅洛和卡本内·弗朗为主，口感比较圆润，成熟的速度也较快，年轻时，不像梅多克葡萄酒的收敛性特强，难以入口。虽然比较早可以享用，但酒的结构厚实、平衡。区内较有名的酒庄有白马庄和欧颂堡。

（2）勃艮地（Bourgogne）　勃艮地产区是位于法国东部的一系列的小葡萄园组成，它是法国古老的葡萄酒产地之一，也是唯一可以与波尔多葡萄酒抗衡的地区。人们曾经这样比喻这两地的葡萄酒，即勃艮地葡萄酒是葡萄酒之王，因为它具有男子汉粗犷的阳刚气概；波尔多葡萄酒是酒中之后，因为它具有女性的柔顺芳醇。该产区的葡萄品种较少，主要有生产白葡萄酒的莎当妮和阿丽高特、生产红葡萄酒的黑比诺以及专用于生产博若莱佳美葡萄。勃艮地的红葡萄酒不如波尔多红葡萄酒细腻，但味浓，单宁成分少，且含有少许糖而有淡淡的甜味。成熟期比波尔多葡萄酒早，但也容易较早退化。

与波尔多地区相比，勃艮地葡萄酒的生产有些不同之处。首先勃艮地使用的葡萄品种较少，此外，在波尔多地区，葡萄园如同财产一样属于个人或某公司所有，而在勃艮地地区，葡萄园只是一个地籍注册单位，它可以属于很多人共同所有，如香百丹葡萄园就属于50多个业主。

根据法国AOC法限制，勃艮地红葡萄酒必须要用黑比诺葡萄作为原料，如果以别的葡萄品种为原料，或在酿制时掺入了别的品种，则AOC法规定这些厂商有义务在商标上说明。同时不能以勃艮地葡萄酒的名义出售，只能以葡萄品种为其酒名。因此，在勃艮地产区会有这种情况出现，同一个葡萄园所出产的几瓶葡萄酒可能是由不同厂家所制成，不同地方包装，所以口味绝不相同，连商标都不一样。勃艮地葡萄酒主要产区有：

① 夏布利（Chablis）：夏布利位于奥克斯勒镇附近，该产区生产的葡萄酒十分著名，其特点是色泽金黄带绿，清亮晶莹，带有辛辣味，香气优雅而轻盈，精细而淡雅，纯洁雅致而富有风度，尤其适合佐食生蚝，故有"生蚝葡萄酒"的美称。

② 科多尔（Cote D'or）：又称为"金黄色的丘陵"。科多尔地区绵延约50千米，分布在向阳的丘陵山坡上，占地6379公顷，平均年产2300多万升红、白葡萄酒。

③ 南勃艮地：该产区包括科·夏龙、玛孔和保祖利三区，葡萄酒品种丰富，风格多变，名酒很多。

科·夏龙区生产勃艮地起泡酒，而保祖利是勃艮地最大的葡萄酒产地，该区以佳美葡萄为原料生产的红葡萄酒，清淡爽口，颇受世界各地饮酒者的好评。

（3）香槟（Champagne）　香槟酒是以它的原产地，法国的一个称香槟省的地名而命名的。香槟地区是采用传统的"香槟酿造法"来酿造香槟酒的。传统上香槟是以红、白两种葡萄经独自发酵后，进行调配混合。在酒瓶内经第二次发酵而成，并形成天然气泡。香槟一词的含义极其丰富，根据国际法例规定：唯有在香槟区采用"香槟酿造法"来酿造的气泡酒才能称为"香槟"，不符合这个规定的，一概只能称为气泡酒。例如在西班牙气泡酒称作"Cave"，在德国称作"Sekt"，在意大利称作"Spumante"。甚至在法国香槟区以外地区所酿造的气泡酒也只能称作"Vin Mousseax"而不能以香槟来命名。

据说在18世纪初叶，DOM PERIGNON修道院葡萄园的负责人，因为某一年葡萄产量减少，于是就把还没有完全成熟的葡萄榨汁后装入瓶中储藏。其间，因为葡萄酒受到不断发酵中所产生的二氧化碳的压迫，于是就变成了发泡性的酒。由于瓶中充满了气体，所以在拔除栓头时会发出悦耳的声响。香槟酒也因此成为圣诞节等节庆宴会上不可或缺的酒类之一。

香槟酒的生产工序

① 收获：即葡萄的采摘。

② 压榨：第1次压榨，其汁液用来酿成的酒被作为"基酒"，称为"Vin de Cuvee"，它就是被冠以香槟的葡萄汽酒的原酒。第2次压榨，其汁液用来酿成的酒被称为"首尾酒"。第3次压榨，其汁液用来酿成的酒被称为"二尾酒"。第4次压榨，其汁液用来酿成的酒被称为"Rebeches"，它会被用来生产"马尔"，一种白兰地酒。

③ 净化工序（10～12小时）：在基酒中的所有不纯净物质（果核，葡萄皮和其他没用的物质的沉淀），必须给它们一定的时间，使它们沉到桶底。

④ 第1次发酵或称"Boiling up"（3周）：发酵完毕之后，酒要求装瓶，澄清，最后所获得的产品称之为"无泡葡萄酒"。

⑤ 基酒的配制：这个工序就是将所有的"无泡葡萄酒"进行混合。就是在丰年，混合也是必须的工序。

⑥ 第2次发酵或称"Prise de Mousse"，即获得泡沫的意思（此工序通常在春天进行）。

⑦ 排出：瓶颈被浸泡在-2℃的冰冷的盐水溶液中，瓶颈中就形成了一个小冰块，这个小冰块冻住了在瓶颈里的所有的沉淀物，随着酒中压力的增强，冰块被瓶中的气体推出瓶外，这时瓶颈部的沉淀物就随着冰块被清除了，它的容量为30～40毫升。

⑧ 配料和添酒：添酒用甜酒（由蔗糖和无气的老香槟酒构成），需加满每一个瓶子，以补充所损失的酒。有时还会放入极少量的白兰地，来中止其更进一步的发酵。由所加入的糖而确定了所需要的相应的香槟酒的级别：极干（Brut）、干（Sec）、半干（Demi Sec）、甜（Sweet or Doux）。

⑨ 软木塞：跟着香槟被加上特制的香槟木塞及铁线圈，然后准备付运。深色的玻璃使最强烈的日晒也无法侵入。瓶塞也呈现出优美的线条，铁丝封口里被禁锢的激情等你开启。

香槟酒的饮用

① 开启香槟酒：先解开瓶塞上的铁丝封口，把瓶口向无人的方向略偏45°。一手按住瓶塞，另一只手从瓶底将酒瓶托住，然后慢慢的旋转酒瓶，酒瓶转动时瓶塞会自动弹出，惊喜随即喷薄而来……在每个酒杯里先倒入一点酒，然后加至酒杯的2/3满即可。

② 酒杯的选用：在最初的18世纪，香槟酒是用锥形高脚杯饮用。19世纪时，则流行用大扁酒杯。现在则普遍使用高脚的郁金香型酒杯。这种酒杯有更多的空间，任气泡翻滚升腾。而酒的香气

则可以充分地得以释放。

③ 饮用香槟的温度：香槟酒是清凉饮品，但不可加冰块稀释，在冰桶里放20分钟或在冰箱内平放3小时，就可以达到理想温度（8～10℃）。但切勿用冰柜存放香槟酒。

④ 饮用香槟时间：香槟酒一直是法国乃至全世界名流显贵餐桌上的佳酿。无论何时，香槟酒都可以作为既得体又令人满意的礼物来馈赠他人。

（二）意大利葡萄酒

位于地中海的意大利，天然条件非常适合葡萄的生长。意大利因北方有高耸的阿尔卑斯山阻挡北风的侵袭，气温不是很冷；状如长靴的国土夹峙于地中海与亚得里亚海之间，又使得湿度恰到好处。而纵贯南北的亚平宁山脉，造成地形上的诸多变化，也造成了许多条件独特的葡萄酒产区。良好的气候和优越的地理条件，使整个意大利宛若一座大葡萄园。在意大利半岛葡萄园几乎随处可见。国土面积不大的意大利，葡萄酒产量位居世界榜首，出产全球近1/5的葡萄酒。这一直是意大利人引以为傲的。当然，意大利不仅是在产量方面有骄人的成绩，其葡萄酒历史也十分悠远，而且酿酒葡萄的种类非常多元，每个产区都有其浓厚的地方特色的葡萄酒，葡萄酒种类繁多，大概只有法国能在这方面可与之比拟。

1. 意大利葡萄酒的分级制度

意大利的分级制度从1963年开始成立，多少有一点法国制度的影子，一共分为4个等级。其中DOC和DOCG属于特定产地出产的优质葡萄酒，而另两种IGT和VDT则属于比较普通的餐酒。

（1）DOCG　这一等级的葡萄酒是意大利分级系统中的最高等级。对于DOCG这一等级的葡萄酒不仅在土地的选择、品种的采用、单位公顷产量等各方面的规定都非常严格，而且必须具有相仿的历史条件。

（2）DOC　目前意大利有数百个葡萄酒产区属于DOC的等级，大部分都是传统的产区，依据当地的传统特色制定生产的条件，约略等同于法国的AOC等级的葡萄酒。

（3）IGT　这一等级的葡萄酒相当于法国Vin de pay，可以标示产区以及品种等细节，相关的生产规定比DOC以上等级宽松，弹性较大。这一等级的葡萄酒在意大利并不普通，相当少见。

（4）VDT　这是意大利最普通等级的葡萄酒，限制和规定最不严格，目前此等级的酒依旧是意大利葡萄酒的主力。

虽然近几年意大利新增了许许多多DOC或DOCG产区，但是这两个等级的葡萄酒在意大利葡萄酒总产量中所占比例还是很低，产量大的普通餐酒依旧是最主要的。但值得一提的是意大利有不少产区也出产品质相当卓越的VDT，这些特级的VDT虽然有绝佳的表现，但因为品种或其他生产条件不符合DOC的规定，只能以VDT的等级出售。

2. 意大利葡萄酒的主要产区

（1）皮蒙区　皮蒙区是意大利最大的葡萄酒产区，不仅历史悠久，而且产区内许多品质已达极致的葡萄酒，更是让意大利葡萄酒酿造业引以自豪；而皮蒙区独步意大利的美食更和这里的葡萄美酒相映生辉。皮蒙区几乎有一半以上的面积是山区，所以这里有许多葡萄园就位于日照效果好的斜坡。Piedmont 意大利语的原意是"山脚"。这里的气候属于大陆性气候区，冬季长而且寒冷，夏季炎热，秋季常有潮湿的细雨。

① 皮蒙区特有的葡萄品种：单一品种葡萄酒是皮蒙的主流，先认识这里的主要品种后，就比较容易掌握区内葡萄酒的特性，内比欧露（Nebbiolo）是皮蒙区历史最久，适应性最好，同时也最负盛名的品种，皮蒙区内最著名的红酒产区如巴罗洛（Barolo）、巴巴瑞斯克（Barbaresco）以及加替那拉（Gattinara）等DOCG等级的产区都采用内比欧露作为主要或唯一的品种。强劲的单宁是内比

欧露红酒最明显的特性，同时颜色深黑，常有紫罗兰或黑色浆果的香味，成熟后更有巧克力甚至松露等酒香；酸度高，酒龄浅时常常酸涩难以入口，必须经过非常长的瓶中培养、陈化。才能逐渐地让单宁柔化，并展现浓郁丰富的酒香。

除了内比欧露，多切托（Dolcetto）和巴贝拉（Barbera）也是皮蒙的重要红酒品种。白葡萄酒虽然产量很好，但却具有迷人风味的Gavi干白葡萄酒、Asti Spumante气泡酒。

② 皮蒙的重要产区：皮蒙是意大利最大的葡萄酒产区，区内的DOC和DOCG多达50多个，大部分以品种和产区一起命名，如Nebbiolo d`Alba Moscatod`Asti等。

• 巴罗洛：在整个皮蒙有不少内比欧露产区，各有独自的特色，但如果要选出颜色最深黑、香味最强劲细腻、变化最丰富、口感最殷实浓厚，而且最经得起时间考验的内比欧露，则非巴罗洛莫属。巴罗洛产区位于阿尔巴市（Aiba）南部的山区，已经接近皮蒙的最南端。因为内比欧露是相当晚熟的品种，所以这里的葡萄农通常会把日照效果最好的南坡地留给内比欧露，好让它缓慢地成熟，所以整个巴罗洛区内只有1200公顷是属于Barolo DOCG产区，而其他位置较差的地方就只能用来种巴贝拉（Barbera）和多切托（Doletto）。

• 巴巴瑞斯克：位于阿尔巴市东北的巴巴瑞斯克（Barbaresco）也是一个内比欧露红酒的DOCG产区，因为邻近巴罗洛区。而且口味上比较淡一点，所以常常被摆在巴罗洛区的后面。其实巴巴瑞斯克的精彩处就在于它较巴罗洛葡萄酒在口感上更婉约细腻，香味更浓郁多变。

• 白葡萄酒与气泡酒：皮蒙区内的阿士提省（Asti）的特产气泡酒。是法国香槟酒外最著名的气泡酒之一。由于是采用香味独特的蜜思嘉葡萄品种酿成，口味和其他以莎当妮及黑比诺为主的气泡酒全然不同。蜜思嘉惯有的花香和荔枝等热带水果香，浓郁迷人。通常被酿成甜性或半甜性，非常可口迷人，最好趁新鲜果香还未消失饮用。现在其已经是属于DOCG等级，称为Asti或Asti Spumante，另外也有微泡型的Muscato d Asti。采用科第斯（Cortese）品种的嘉维（Gavi）产区位于皮蒙的最东边。

（2）托斯卡尼区　古老的艺术之地，位于意大利中部，产区西面临海。该区主要生产红、白萄酒。著名的红葡萄酒干蒂（Chianti）是意大利具有代表性的酒品之一，它享誉国内外，是以稻草所编织的套子包装在圆锥形酒瓶外，这种独特的包装器皿称为菲亚斯（Fiashi）。干蒂葡萄酒呈红宝石色，清亮晶莹，富有光泽。优质干蒂酒通常使用波尔多形状的酒瓶包装。

（3）伦巴第　伦巴第位于意大利北部，与瑞士交界。该区崎岖不平但却十分美丽，葡萄园一般位于海拔400米的山区，大约每年9月中旬到10月份开始收获葡萄，生产的主要葡萄酒品种有红玫瑰红、白玫瑰红和白起泡葡萄酒。

该区被冠以DOC的葡萄酒较多，但一般都在酒龄年轻时饮用，著名的红葡萄酒有波提西奴、沙赛拉、英菲奴、格鲁米罗、白葡萄酒有鲁加那、巴巴卡罗（Barbacarlo）、客拉斯笛迪奥（Clastidium）等。

（4）威尼托　位于意大利东北部，该区有著名城市威尼斯（Venice）和维罗纳。生产的葡萄酒品种有：优质干型红、白葡萄酒、甜型红葡萄酒等，其中以优质红、白葡萄酒较为著名，如Valpolicella（瓦尔波利赛拉）、Bardolino（巴多里奴）、Soave（索阿威）等。索阿威是意大利著名的干白葡萄酒，它色泽金黄，酸味和香味较淡，但口味十分爽快。

（三）德国葡萄酒

德国不仅啤酒举世闻名，葡萄酒也在世界酒坛占有一席之地，其葡萄酒种植面积仅约10万公顷，只有法国和意大利的1/10。葡萄酒年产量约1亿公升，又以白葡萄酒为主，约占总产量的87%。类型非常丰富，从一般清淡半甜型的甜白酒到浓厚圆润的贵腐甜酒都有，另外还有制法独特的冰酒。

德国是世界著名的葡萄酒生产国之一，葡萄种植园较偏北，气候较寒冷。早在公元3世纪时的罗马皇帝曾以种植粮食为主，下令捣毁这些地区的葡萄园，当时的统治者布鲁布斯皇帝却鼓励他的臣民重新栽种葡萄。

德国主要生产世界著名的白葡萄酒，因而德国葡萄酒产量中有80%左右的白葡萄酒，其他20%则是玫瑰红葡萄酒和红葡萄酒。德国的白葡萄酒因为糖酸度控制得好，故品种极佳，堪称世界一流，与法国勃艮地白葡萄酒相比，甜味稍重，酸味稍强，但口味很新鲜、清爽，带有一种苹果的清香，酒精度比法国的白葡萄酒低8°~11°，因而德国的白葡萄酒适合在新鲜时饮用。

1. 德国的葡萄酒品种

德国的葡萄酒品种以白葡萄为主，其主要品种有墨勒·图尔高、雷司令、西尔凡纳等，红葡萄只占14%，主要品种有黑比诺。

2. 德国酒标

德国酒标取得程序极为严格，通常做法是：不以出产地作为质量检测标准，而是以瓶中盛装的成品酒为检测对象；所有成品酒装瓶后，生产者必须持样品和有关材料送往官方主管机构进行全面理化分析和感官测定；每种酒按照检查后所获评分方能得到相应的可使用酒标。

酒标内容主要包括：特定产区；葡萄采摘酿造年份；生产商的葡萄庄园或所在村镇名称；葡萄品种类别；酒的类型和味道，如干、半干，不作标明的一般为甜酒；质量的类/级别；官方检测号及装瓶人等信息。

（四）美国葡萄酒

美国是世界第四大葡萄酒生产国，最早酿酒始于16世纪中叶。各州或多或少都生产葡萄酒，但真正较有规模的只有加利福尼亚州、俄勒冈州、华盛顿州、纽约州等地区。其中，加州葡萄酒产量独占全美总产量的80%，因此被称为"美国葡萄酒的故乡"。美国葡萄酒业是一个较新的行业，直到20世纪70年代，美国葡萄酒业才得到全面快速的发展。美国作为新兴葡萄酒大国，近30年来急起直追，成为优良葡萄酒的生产国。90%的美国葡萄酒在加利福尼亚州酿造，主要产区为纳帕山谷、索罗马山谷和俄罗斯河山谷。最大最出名的葡萄酒产地是威廉美特山谷。其他还有华盛顿州等地。

1. 加利福尼亚州

美国葡萄酒生产最集中最著名的地区，位于美国西南部、太平洋东海岸的狭长地带，四周为山脉，中央为谷地，具有夏干、冬湿的独特气候类型，为优质葡萄的理想产区。根据品种区域化和土壤气候条件，将加利福尼亚州划分为5个各具特色的葡萄产区，从南往北为：

（1）考施拉（COACHELLA）产区　以鲜食葡萄为主，占加州葡萄总面积的2%。

（2）蒙特瑞（MONTEREY）产区　以鲜食葡萄为主，占加州葡萄总面积的9%。

（3）弗瑞斯诺（FRESNO）产区　是加州最大的葡萄产区，加州葡萄70%集中在该地区，鲜食、酿酒和制干葡萄都有。

（4）洛蒂（LODI）产区　占6%。

（5）那帕（NAPA）产区　以酿酒葡萄为主，占13%。有10多个大、中型葡萄酒厂和数以百计的葡萄酒庄。

位于加利福尼亚州北部的纳帕山谷是美国所有地区中第一个跻身于葡萄酒世界的庄园，并至今为止仍然保持领先的地位。此地区酿制的莎当妮白葡萄酒味道丰富，润滑而又口味多样；所生产的一些黑比诺葡萄酒是除了法国勃艮第地区之外最好的同类葡萄酒。此地区酿制的加本力苏维翁以及梅洛红可以陈酿长达10年仍然保持圆润而又果香浓郁的口感。至于仙芬黛葡萄酒，其本身便是一个奇迹。在加利福尼亚州，它不仅仅是一种时尚，更是促使该地区在葡萄酒业中成功的主要原因。利用仙芬黛葡萄品种可以酿制出味道稍甜的白葡萄酒以及红葡萄酒。

2. 华盛顿州

太平洋西北部的葡萄生长区域，处于加利福尼亚州北海岸的正上方，包括了华盛顿州以及奥罗根地区。此地区与波尔多地区处于同一纬度，相比奥罗根地区而言，华盛顿州更为多产，酿制更多系列的高质量的葡萄酒。芳香的水果口感是它的特点，其中最为人所称道的有加本力苏维翁、梅洛红、莎当妮、白苏维翁以及薏丝琳葡萄酒。层峦叠嶂的山峰使哥伦比亚山谷与太平洋相隔，因此当地的夏季气候温和，温度适中，白昼较长，夜晚凉风习习，如此温和的天气中诞生了一些杰出的华盛顿葡萄酒品种。

葡萄酒品种非常多样化，从日常饮用的餐酒，到高级葡萄酒都有。主要葡萄酒品种为莎当妮和加本力苏维翁，仙粉黛是美国自己培育的品种。

（五）澳大利亚葡萄酒

在18世纪末，欧洲移民将葡萄引进炎热干燥的澳洲大陆之前，这里从来就不曾有过葡萄的踪影。不同于南北美等新大陆产区，早期葡萄酒发展经常借助教会的力量，澳洲的葡萄酒业在一开始就以商业的目的为主。早先建立在新南威尔士洲（New South Wales）的悉尼附近，但经常遭受病虫害的侵扰，最早种植成功的产区是位于悉尼北面的猎人谷（Hunter Valley）。之后在19世纪后逐步向西部的西澳大利亚州（Western Australia）、南部的维多利亚州（Victoria）发展，目前葡萄种植最广的南澳大利亚州（South Australia）反而是最晚开发的产区。新式的技术以及现代化设备，配合国际知名的葡萄品种和大型的酒厂，澳洲的葡萄酒以平实的价格供应全球的市场，使澳洲葡萄酒普遍地受到瞩目和肯定。

在澳大利亚的6个产酒地区中、以南澳大利亚最为重要，拥有澳洲半数以上的葡萄酒。

1. 新南威尔士州

新南威尔士州是澳大利亚最早的葡萄酒产区，气候相当炎热，这里出产耐久存的塞米雍白酒和希哈红酒，而受到全球瞩目。塞米雍白酒通常发酵后就直接装瓶，经过数年的瓶中陈酿，经常会有非常独特的口感。

2. 维多利亚州

维多利亚州是澳洲葡萄酒的第三大产区，是近年来颇受瞩目的葡萄酒产区。莎当妮和黑比诺是这里的主要葡萄酒品种。

3. 南澳大利亚

虽然南澳大利亚葡萄的种植较晚，但却以得天独厚的环境成为澳洲最重要的葡萄酒产区。比较著名的产地有克雷谷、芭罗莎谷等。这里出产的葡萄酒品种较为齐全。

（六）西班牙葡萄酒

西班牙的葡萄酒历史悠久，早在罗马时代即已盛行葡萄酒的酿造，葡萄树的种植到处可见。后因伊斯兰教势力的扩张，葡萄酒的酿造一度受到严重打击，但仍然延续了下来。一直到了15世纪，伊斯兰教徒的势力衰弱后，葡萄酒产业再度兴盛。西班牙在地理位置上，三面环海，气候形态主要为地中海式气候及海洋性气候，配合当地的石灰质熟土，所生产的葡萄酒以口感细致闻名，酒精浓度高、酒力强劲为其特色。其葡萄种植面积广达140万公顷，为全世界种植葡萄面积最大的国家，但因采取复合式耕作，园内同时种植其他果树，加上农民过时的栽培技术，品质管制不良等因素，使其葡萄酒产量仅占世界第三。

西班牙生产各种类型的葡萄酒，又以雪利酒（加烈葡萄酒的一种）最为驰名世界，堪称国宝酒。知名的玛拉加酒也是加强葡萄酒的一种，但口味较甜。红酒从浓郁复杂到淡雅细致的风味都有。至今仍采用传统方式酿造的气泡酒，泡绵长、香气优雅，带有一种淡的柑橘口味。另外也生产白酒和玫瑰红酒，但在国际上较不具有知名度。

（七）葡萄牙葡萄酒

葡萄牙由于地处大西洋沿岸，因此离海的远近是各地气候差异的主要原因。分布在大西洋岸地区雨量充沛，普遍潮湿凉爽，气候稳定且温和。离海岸越远的地区，气候越是严酷，不仅广大，且干燥温差大。气候的因素，使得沿大西洋沿岸的地区较适合葡萄的生长，种植面积也较内陆地区广大。全国有1/10的耕地种植葡萄，目前是全世界第七大葡萄酒生产国。

葡萄牙是古老的产酒国，所产的葡萄酒以波特酒和马德拉酒最为驰名。波特酒的原产区位于多瑙河上游，"波特"一名则来自多瑙河下游出海口的货运港波特市。波特酒的配制，至今仍采用传统的脚踩法进行榨汁，以保持葡萄核的完整无缺。新酿的酒在经过初步的存放后，到了春天即以船运到波特港，在这里装入木桶进行陈酿，再经混合酿制和装瓶的程序，著名的波特酒就诞生了。

马德拉酒产自摩洛哥外海的马德拉岛。制法非常特殊，酿好的酒里添加一点白兰地以提高酒精浓度，再放进水泥槽中，以30～50℃存放3个月以上，加速成熟和老化，这使得马德拉酒拥有一种略呈氧化的特殊香味。

（八）中国葡萄酒

1. 中国葡萄酒发展概况

据有关资料统计，从1990年到2001年中国从世界葡萄酒生产国的第16位提高到第6位，中国城镇的葡萄酒消费量显著增加，年增长速度达到15%～20%；在2003—2004年我国葡萄酒产量分别达到34.3万吨和39.3万吨，同比增长分别达到13.5%和14.70%，2004年销售收入达74.34亿元，同比增长17.06%，实现利润8.45亿元。而在2005年我国葡萄酒产量达49.85万吨，增速达24.55%，实现利润12.56亿元，可以这样说，在后期葡萄酒产业发展将成为主流，并且发展将呈现快速发展的趋势。

中国酿酒行业的产业政策是"重点发展葡萄酒，控制白酒总量"。虽然多年来葡萄酒的发展并没充分显示出这项政策的威力。但随着改革开放和人们物质生活水平的提高，以及国家各种税收政策的调整，特别在洋葡萄酒大举进军中国后，洋葡萄酒的文化宣传攻势，让中国消费者对葡萄酒的文化和认识发生了根本变化，被视作高品质生活的象征，葡萄酒如今正逐步走入人们的生活。创造了我国葡萄酒发展的大环境。北纬25°～45°广阔的地域里，分布着各具特色的葡萄、葡萄酒产地，但由于葡萄生长需要特定的生态环境和地区经济发达程度的差异，这些产地的规模较小，较分散，多数在中国东部。

2. 主要酿酒葡萄产地及著名葡萄酒厂

（1）东北产地　包括北纬45°以南的长白山麓和东北平原。这里冬季严寒，温度-40℃～-30℃，年降水量635～679毫米，土壤为黑钙土，较肥沃。在冬季寒冷条件下，欧洲品种葡萄（V. vinifera）不能生存，而野生的山葡萄（V. amurensis）因抗寒力极强，已成为这里栽培的主要品种。该地区主要有通化葡萄酒公司和长白山葡萄酒公司等。

（2）渤海湾产地　包括华北北半部的昌黎、蓟县丘陵山地、天津滨海新区、山东半岛北部丘陵和大泽山。这里由于靠近渤海湾，受海洋的影响，热量丰富、雨量充沛，年降水量560～670毫升，土壤类型复杂，有沙壤，海滨盐碱土和棕壤。优越的自然条件使这里成为我国最著名的酿酒葡萄产地，其中昌黎的赤霞珠，天津滨海新区的玫瑰香，山东半岛的霞多丽、贵人香、赤霞珠、品丽珠等葡萄，都在国内负有盛名。渤海湾产地是我国目前酿酒葡萄种植面积最大、品种最优良的产地。葡萄酒的产量占全国总产量的1/2。该地区有著名的中国长城葡萄酒有限公司、天津王朝葡萄酒有限公司、青岛华东葡萄酒有限公司、青岛东尼葡萄酒有限公司、烟台蓬莱阁葡萄酒有限公司、青岛市葡萄酿酒有限公司、烟台中粮葡萄酿酒有限公司、烟台张裕葡萄酒有限公司、烟台威龙葡萄酒有限公司等。

（3）沙城产地（河北地区）　包括宣化、涿鹿、怀来、这里地处长城以北，光照充足，热量适中。昼夜温差大，夏季凉爽，气候干燥，雨量偏少，年降水量413毫米，土壤为褐土，质地偏沙，多丘陵山地，十分适于葡萄的生长。龙眼和牛奶葡萄是这里的特产，近年来已推广赤霞珠和甘美等世界酿酒名种。著名的酿酒公司有北京葡萄酒厂、北京红星酿酒集团、秦皇岛酿酒有限公司和中化河北地王集团公司等。

（4）山西产地　包括汾阳、榆次和清徐，这里气候温凉，光照充足，年降水量445毫米，土壤为沙壤土，含砾石。葡萄栽培在山区，着色极深。清徐的龙眼是当地的特产。近年赤霞珠、甘美也开始用于酿酒。著名的酒厂有山西杏花村葡萄酒有限公司、山西太极葡萄酒公司。

（5）宁夏地区　银川包括沿贺兰山东麓广阔的冲积平原，这里天气干旱，昼夜温差大，年平均降水量180～200毫升，土壤为沙壤土，含砾石，土层30～100毫米。这里是西北新开发的最大的酿酒葡萄基地，主栽世界酿酒品种赤霞珠和美露葡萄。有宁夏玉泉葡萄酒厂等。

（6）甘肃地区　包括武威、民勤、古浪、张掖等，是中国丝绸之路上的一个新兴的葡萄酒产地。这里气候冷凉干燥，年平均降水量110毫米，由于热量不足，冬季寒冷，适于早、中成熟葡萄品种的生长，近年来已发展种植黑比诺、霞多丽等品种。该地区有甘肃凉州葡萄酒业责任有限公司。

（7）新疆地区　新疆吐鲁番盆地周围地区，四面环山，热风频繁，夏季温度极高，达45℃以上，雨量稀少，全年仅有16.4毫米。这里是我国无核白葡萄生产和制干基地。该地区种植的葡萄含糖度高，但酸度低，香味不足，干酒品质欠佳，而生产的甜葡萄酒具有西域特色，品质尚好。该地区有：新天国际葡萄酒业有限公司、新疆西域酒业有限公司、新疆楼兰酒业有限公司、新疆伊犁葡萄酒厂。

（8）河南与安徽　包括黄河故道的安徽萧县、河南兰考、民权等县，这里气候偏热，年活动积温4000～4590℃。年降水量800毫米以上，并集中在夏季，因此葡萄旺长，病害严重，品质降低。近年来一些葡萄酒厂新开发的酿酒基地，通过引进赤霞珠等晚熟品种，改进栽培技术，基本控制了病害的流行，葡萄品质有望获得改善。著名的葡萄酒厂有：民权五丰葡萄酒有限公司、安徽古井双喜葡萄酒有限公司。

（9）云南地区　包括云南高原海拔1500米的弥勒、东川、永仁和川滇交界处金沙江畔的攀枝花，土壤多为红壤和棕壤。这里的气候特点是光照充足，热量丰富，降水适时，在上年的10～11月至第二年的6月有一个明显的旱季，降水量为329毫米（云南弥勒）和100毫米（四川攀枝花），适合酿酒葡萄的生长和成熟。利用旱季这一独特小气候的自然优势，栽培欧亚品种葡萄已成为西南葡萄栽培的一大特色。著名的酿酒公司有云南高原葡萄酒公司。

上述九个产地是经历了几十年发展才逐步形成的，它构筑了目前我国酿酒葡萄产地的基本框架。

六、世界著名葡萄酒

（一）红葡萄酒

1. 柯诺苏珍藏赤霞珠干红葡萄酒（图1-4-10）。

2. 柯诺苏黑皮诺干红葡萄酒（图1-4-11）。

3. 杰卡斯珍藏赤霞珠干红葡萄酒（图1-4-12）。

4. 路易乐图世家黑皮诺干红葡萄酒（图1-4-13）。

5. 戴博王宫波邻梅洛卡本妮苏维翁，卡本妮弗朗克（图1-4-14）。

6. 敏狮岗弛梅多克珍藏干红葡萄酒（图1-4-15）。

7. 帝国田园陈酿干红葡萄酒（图1-4-16）。

8. 卖克基阿罗修女干红（图1-4-17）。

9. 云咸BIN555西拉干红葡萄酒（图1-4-18）。

10. 卡氏家族艾拉莫马尔贝克（图1-4-19）。

11. 王朝干红葡萄酒（图1-4-20）。

12. 长城解百纳（图1-4-21）。

（二）白葡萄酒

1. 路易乐图世家马岗路尼莱格尼白葡萄酒（图1-4-22）。

图1-4-10

图1-4-11

图1-4-12

图1-4-13

图1-4-14

图1-4-15

图1-4-16

图1-4-17

图1-4-18

图1-4-19

图1-4-20

图1-4-21

2．杰卡斯珍藏赤霞珠干百葡萄酒（图1-4-23）。

3．桑塔丽塔古园莎当妮（图1-4-24）。

4．敏狮岗驰长相思波尔多干白葡萄酒（图1-4-25）。

5．王朝干白（图1-4-26）。

6．龙徽夏多内葡萄酒（图1-4-27）。

（三）香槟酒（气泡酒）

1．白雪香槟（图1-4-28）。

2．酩悦香槟（图1-4-29）。

3．黄色峡谷红气泡酒（图1-4-30）。

4．鹰标干起泡酒（图1-4-31）。

图1-4-22

图1-4-23

图1-4-24

图1-4-25

图1-4-26

图1-4-27

图1-4-28

图1-4-29

图1-4-30

图1-4-31

任务评估标准及其评估分值

评估指标	基本完成评估标准 评估分值60分	达到要求评估标准 评估分值40分	评估成绩100分
示瓶25分	动作规范、正确15分	动作舒展、优美10分	
开瓶25分	动作规范、熟练15分	注意细节、讲究卫生10分	
托盘25分	动作规范、稳定15分	动作舒展、优美10分	
斟酒25分	动作规范、不外漏15分	斟酒量符合要求10分	

任务2 啤酒

【任务设立】

要求学生在了解啤酒的分类、著名品牌、特征和饮用方法的基础上，鉴定啤酒品质的优劣。

要求学生从泡沫、颜色、香气和口味四个方面对一款啤酒进行鉴定，并用语言描述，最终给出结论。

【任务目标】

帮助学生鉴别啤酒品质的优劣。

帮助学生了解啤酒的饮用方式和功效。

【任务要求】

要求老师现场指导，引导学生正确鉴定啤酒品质。

要求实训室提供啤酒、开瓶器、杯具及其他用品。

【理论指导】

一、啤酒概述

啤酒以大麦芽、酒花、水为主要原料，经酵母发酵酿制而成的饱含二氧化碳气体的含酒精饮料。现在国际上的啤酒大部分均添加辅助原料。有的国家规定辅助原料的用量总计不超过麦芽用量的50%。但在德国，除制造出口啤酒外，国内销售啤酒一概不使用辅助原料。国际上常用的辅助原料为：玉米、大米、大麦、小麦、淀粉、糖浆和糖类物质等。

已知最古老的酒类文献，是公元前6000年左右巴比伦人用黏土板雕刻的献祭用啤酒制作法。中世纪以前，啤酒多由妇女在家庭酿制。到中世纪，啤酒的酿造已由家庭生产转向修道院、乡村的作坊生产，并成为修道院生活的一项重要内容。修道院的主要饮食是面包和啤酒。中世纪的修道院，改进了啤酒酿造技术，与此同时啤酒的贸易关系也建立并掌握在牧师手中。17—18世纪，德国啤酒盛行，一度使葡萄酒不景气。19世纪初，英国的啤酒生产大规模工业化。19世纪中叶，德国巴伐利亚洲开始出现下面发酵法，酿出的啤酒由于风味好，逐渐在全国流行。目前，全世界啤酒年产量已居各种酒类之首。

中国啤酒业的发展比较滞后，19世纪末，啤酒输入中国。1900年，俄国人在哈尔滨市首先建立了乌卢布列夫斯基啤酒厂；1901年，俄国人和德国人联合建立了哈盖迈耶尔·柳切尔曼啤酒厂；1903年，捷克人在哈尔滨建立了东巴伐利亚啤酒厂；1903年，德国人和英国人合营在青岛建立了英德啤酒公司（青岛啤酒厂前身）；1905年，德国人在哈尔滨建立了梭忌怒啤酒厂。此后，不少外国人在东北和天津、上海、北京等地建厂，这些酒厂分别由俄、德、波、日等国商人经营。中国人最早自建的啤酒厂是1904年在哈尔滨建立的东北三省啤酒厂，其次是1914年建立的五洲啤酒汽水厂（哈尔滨），1915年建立的北京双合盛啤酒厂，当时中国的啤酒业发展缓慢、分布不广、产量不大。生产技术掌握在外国人手中，生产原料麦芽和酒花都依靠进口。1949年以前，全国啤酒厂不到十家，总产量不足万吨。1949年后，中国啤酒工业发展较快，并逐步摆脱了原料依赖进口的落后状态。现在啤酒业在国内发展迅速，国内知名品牌引导市场发展。如华润雪花啤酒、哈尔滨啤酒、燕京啤酒、青岛啤酒等。

二、啤酒分类

全世界啤酒品种繁多，一般按以下几方面进行分类。

1. 根据麦芽汁浓度分类

啤酒酒标上的度数与白酒上的度数不同，它并非指酒精度，它的含义为麦芽汁的浓度，即啤酒发酵进罐时麦汁的浓度。主要的度数有18°、16°、14°、12°、11°、10°、8°啤酒。日常生活中我们饮用啤酒多为11°、12°啤酒。

2. 根据啤酒色泽分类

（1）淡色啤酒　淡色啤酒为啤酒产量最大的一种。浅色啤酒又分为浅黄色啤酒、金黄色啤酒。浅黄色啤酒口味淡爽，酒花香味突出。金黄色啤酒口味清爽而醇和，酒花香味也突出。

（2）浓色啤酒　色泽呈红棕色或红褐色，浓色啤酒麦芽香味突出、口味醇厚、酒花苦味较清。

（3）黑色啤酒　色泽呈深红褐色乃至黑褐色，产量较低。黑色啤酒麦芽香味突出、口味浓醇、泡沫细腻，苦味根据产品类型而有较大差异。

3. 根据杀菌方法分类

（1）鲜啤酒　啤酒包装后，不经巴氏灭菌的啤酒。这种啤酒味道鲜美，但容易变质，保质期7天左右。

（2）熟啤酒　经过巴氏灭菌的啤酒。可以存放较长时间，用于外地销售。瓶装保质期为6个月左右；听装保质期12个月左右。

4. 根据包装容器分类

（1）瓶装啤酒　国内主要为640毫升和355毫升两种包装。国际上还有500毫升和330毫升等其他规格。

（2）听装啤酒　以铝合金为材料，规格多为355毫升。便于携带，但成本高。

（3）桶装啤酒　材料一般为不锈钢或塑料，容量为30升。啤酒经瞬间高温灭菌，温度为72℃，灭菌时间为30秒。多在宾馆、饭店出现，并专门配有售酒机。由于酒桶内的压力，可以保持啤酒的卫生。

5．根据啤酒酵母性质分类

（1）上发酵啤酒　采用上面酵母。发酵过程中，酵母随二氧化碳浮到发酵面上，发酵温度15～20℃。啤酒的香味突出。

（2）下发酵啤酒　采用下面酵母。发酵完毕，酵母凝聚沉淀到发酵容器底部，发酵温度5～10℃。啤酒的香味柔和。世界上绝大部分国家采用下面发酵啤酒。我国的啤酒均为下面发酵啤酒，其中的著名啤酒有青岛啤酒、五星啤酒等。

6．根据生产方法分类

（1）比尔森（Pelsen）啤酒　原产于捷克斯洛伐克，是目前世界上饮用人数最多的一种啤酒，是世界上啤酒的主导产品。中国目前绝大多数的啤酒均为此种啤酒。它为一种下面发酵的浅色啤酒，特点为色泽浅，泡沫丰富，酒花香味浓，苦味重但不长，口味纯爽。

（2）多特蒙德啤酒（Dortmunder beer）　是一种淡色的下面发酵啤酒，原产于德国的多特蒙德。该啤酒颜色较深，苦味较轻，酒精含量较高，口味甘淡。

（3）慕尼黑啤酒（Munich dark beer）　是一种下面发酵的浓色啤酒，原产于德国的慕尼黑。色泽较深，有浓郁的麦芽焦香味，口味浓醇而不甜，苦味较轻。

（4）博克啤酒（Bock beer）　是一种下面发酵的烈性啤酒，棕红色，原产地也为德国。发酵度极低，有醇厚的麦芽香气，口感柔和醇厚，泡沫持久。

（5）英国棕色爱尔啤酒（English Brown Ale）　是英国最畅销的爱尔啤酒。色泽呈琥珀色，麦芽香味浓，口感甜而醇厚，爽口微酸。

（6）司都特（Stout）黑啤酒　是一种爱尔兰生产的上面发酵黑啤酒。都布林Guinmess生产的司都特是世界上最受欢迎的品牌之一。特点为色泽深厚，酒花苦味重，有明显的焦香麦芽味，口感干而醇，泡沫好。

（7）小麦啤酒　是一种在啤酒制作过程中添加部分小麦所生产的啤酒。此种酒的生产工艺要求较高，酒的储藏期较短。此种酒的特点为色泽较浅，口感淡爽，苦味轻。

三、啤酒的特征与保管

（一）啤酒的特征

（1）泡沫　泡沫是啤酒的主要特征之一，是衡量啤酒质量的标准之一。把啤酒缓缓倒入玻璃杯内，泡沫立即冒起，洁白细腻而且均匀持久、挂杯能保持在2分钟左右者为佳品，如果泡沫粗大且微黄、消失快又不挂杯者为劣品。

（2）颜色　国内生产的多数产品均为淡色啤酒，光泽应是清澈透明，且呈悦目的金黄色；浓色啤酒则要求酒液越深越好。如酒色黄浊、透明度差、黏性大甚至有悬浮物，即为劣质啤酒。

（3）香气　啤酒要求具有浓郁的酒花幽香和麦芽清香，淡色啤酒突出酒花香，浓色啤酒突出麦芽香。

（4）口味　入口感觉酒味纯正清爽，苦味柔和，口味醇厚，有愉快的芳香，并且"杀口力强"的为好酒，如有老熟味、酵母味或涩味者均为劣品。

（二）啤酒的保管

（1）啤酒应避免阳光直接照射，因为阳光中的紫外线能使啤酒加速氧化，从而产生浑浊沉淀现象，影响饮用效果。因此为了保护啤酒的质量，应多选用棕色瓶装啤酒。现在很多高档啤酒选用易拉罐或铁筒包装，这样保存期会更长一些。

（2）将啤酒储存在干净通风的暗处，要注意清洁、温度和压力。

（3）啤酒应在保质期内饮用。瓶装熟啤酒保质期一般在120天左右，瓶装生啤酒保质期在两个月左右，听装啤酒一般在12个月左右，桶装生啤酒一般保质期在7天左右。

（4）储存温度要适度。温度太低会使啤酒气泡消失，酒因变质而浑浊；温度过高，容易引起啤酒再次发酵，酒里气体放出，成为野啤酒。一般啤酒储存在8℃较为适宜。

（5）啤酒的气压应保证为一个大气压。桶装啤酒打开后应尽快接上二氧化碳气罐，在整桶啤酒出售过程中保持压力，否则失掉碳酸气的酒会变得平淡无味。

四、啤酒的饮用与服务操作

（一）啤酒的饮用

有许多人在饮用啤酒时跟饮用白酒一样，慢慢地饮，一杯啤酒要饮很长时间，这种饮用方法是错误的。啤酒应该是大口大口地喝，一杯啤酒应该尽快喝完。首先啤酒的醇香和麦芽香刚刚倒入杯中是很浓郁、很诱人的，若时间放长，香气就会被挥发掉；其次啤酒刚倒入杯中时，有细腻洁白的泡沫，它能减少啤酒花的苦味，减轻酒精对人的刺激；再次是啤酒中的二氧化碳倒入杯中时，杯底能升起一串串很好看的二氧化碳气泡。酒内含有的这些二氧化碳饮入口中，因有麻辣刺激感，而令人有一种爽快的感觉。尤其是在大口喝进啤酒后，容易打嗝，这就给人有了一种舒适、凉爽的感觉。最后啤酒的酒温以10～15℃饮用为宜。若倒在杯内的时间过长，其酒温必然升高，酒香就会产生异味，而使苦味突出，失去爽快的感觉。因而啤酒应该大口大口地喝。

适度饮用啤酒有一定的好处：

1. 维护心脏健康

大量的研究表明，适度饮酒，包括啤酒，可降低患心脏病的危险，心脏病是美国头号杀手。在2006年的研究中，美国哈佛大学公共卫生学院的研究人员发现，在生活方式健康的男性中，适度饮酒者比禁酒者的心脏病发作的风险，降低了40%～60%。

2. 保护血管

高血压影响约65万美国人。2007年，美国哈佛大学公共卫生学院的研究人员发现，适量喝啤酒的高血压男性患者，其致死性和非致死性心脏病发作的风险都有所降低。适度喝啤酒也有助于防止血栓形成，预防缺血性脑卒中。

3. 降低糖尿病风险

研究显示，糖尿病人中度饮酒也能减少最大的杀手——冠心病发作的风险。研究还表明，轻度饮酒习惯可帮助保护来自发展中国家的糖尿病患者，这可能是因为饮酒会增加胰岛素敏感性或消炎作用。

4. 提高认知能力

研究表明啤酒对大脑有益。2006年《美国心脏协会杂志》的研究报告表明，适量饮酒可能让妇女获得更好的认知能力。无独有偶，2003年《美国医学会杂志》的研究报告说，65岁以上的老年人每周饮用1～6杯含酒精的饮料，和禁酒、酗酒相比，患老年痴呆症的风险较低。

5. 使骨骼强壮

研究表明，啤酒在预防骨质流失与重建男性骨量上面可以发挥作用，但对于年轻妇女、更年期过后的妇女却没有发现益处。据称，可能是饮料中硅含量较高。但过量饮酒，可导致骨折的几率大大增加。

6. 保持活力

回顾50项研究表明，在适度饮酒与总死亡率间有一种相反的联系，据2005年来自美国农业部的报告称，每天喝1～2杯酒的人，死亡风险似乎最低，这可能是由于啤酒起到了预防冠心病和脑卒中的作用。

（二）啤酒的服务操作

1. 啤酒杯

常用的标准啤酒杯有三种形状：第一种是杯口大、杯底小的喇叭形平底杯，俗称皮尔森杯；第二种是杯底较厚的飓风杯，这种酒杯用于啤酒的服务，增加了倒酒的难度。这两种酒杯常用于瓶装啤酒。第三种是带把柄的啤酒杯，酒杯容量大，一般用于桶装生啤酒。

洁净的啤酒杯能让泡沫在酒杯中呈圆形，保持新鲜口感。洁净的啤酒杯必须没有油污、灰尘和其他杂物。油脂对泡沫形成极大的销蚀作用，任何油污无论能否看出，都会浮在酒的液面上，使浓郁而洁白的泡沫层受到影响甚至很快消失；此外不干净的杯子还会影响口感和味道。

2. 倒啤酒的程序

一杯优质的啤酒应带有很丰富的泡沫，俗称"八分酒液、二分泡沫"。杯中无泡沫或啤酒少而泡沫太多并溢出都会使客人扫兴。另外，应注意洁净的啤酒杯中优质的泡沫形成还取决于倒啤酒时杯子的倾斜角度和保持倾斜度时间的长短两个原因。

五、啤酒主要品牌

（一）国内著名品牌

1. 华润雪花啤酒

华润雪花啤酒（中国）有限公司成立于1994年，是一家生产、经营啤酒、饮料的外商独资企业。总部设于中国北京。其股东是华润创业有限公司和全球第二大啤酒集团SABMiller。

2002年，华润雪花啤酒（中国）有限公司全力将雪花啤酒塑造成为全国品牌，雪花啤酒一直以清新、淡爽的口感，积极、进取、挑战的品牌个性深受到全国消费者广大啤酒爱好者的普遍喜爱，成为当代年轻人最喜爱的啤酒品牌。

2002年以来，雪花啤酒多次被国家质量监督检验检疫总局正式认定为"中国名牌"产品，并在2006年年底获得国家质量监督检验检疫总局颁发的产品质量免检证书。

2005年，雪花啤酒以158万千升的单品销量成为全国销量第一的啤酒品牌。2006年雪花啤酒成为中国成长最快、最具价值的啤酒品牌，其品牌价值达到111.85亿元。继2005年雪花单品销量全国第一之后，2006年再创历史新高，以303.7万千升的销量，再次蝉联中国啤酒行业单品销量第一的桂冠。

华润雪花中国有限公司公布的国际权威调研机构PlatoLogic的统计数据称，2008年中国雪花牌啤酒超越全球啤酒老大英博（AB-InBev）旗下"百威淡啤（BudLight）"，成为世界销量第一的啤酒品牌。雪花啤酒是唯一进入全球销量前六名的中国啤酒品牌。

2. 青岛啤酒

青岛啤酒（图1-4-32）是中国最有知名度和最受到国际认可的啤酒品牌，创始于1903年。

1903年8月，来自英国和德国的商人联合投资40万马克在青岛成立了日耳曼啤酒公司青岛股份公司，采用德国的酿造技术以及原料进行生产。古老的华夏大地诞生了第一座以欧洲技术建造的啤酒厂——日耳曼啤酒股份公司青岛公司。经过百年沧桑，这座最早的啤酒公司发展成为享誉世界的"青岛啤酒"的生产企业——青岛啤酒股份有限公司。1993年，青岛啤酒股份有限公司成立并进入国际资本市场，公司股票分别在香港和上海上市，成

图1-4-32　青岛啤酒

为国内首家在两地同时上市的股份有限公司。

在漫长的100多年发展历程中，青岛啤酒厂积累了丰富的经验，在消化吸收的基础上形成了自己独特的传统。因而，产品质量比较稳定，被国内外消费者公认为名牌产品。

目前，青岛啤酒公司在国内18个省、市、自治区拥有40多家啤酒生产厂和麦芽生产厂，构筑了遍布全国的营销网络，基本完成了全国性的战略布局。现啤酒生产规模、总资产、品牌价值、产销量、销售收入、利税总额、市场占有率、出口及创汇等多项指标均居国内同行业首位。

3. 燕京啤酒

燕京于1980年建厂，1993年组建集团。在发展中燕京本着"以情做人、以诚做事、以信经商"的企业经营理念；始终坚持：走内涵式扩大生产道路，在滚动中发展，年年进行技术改造，使企业不断发展壮大；坚持依靠科技进步，促进企业发展，建立国家级科研中心，引入尖端人才，依靠科技抢占先机；积极进入市场，率先建立完善的市场网络体系，适应市场经济要求发展。

经过20年快速、健康的发展，燕京已经成为中国最大啤酒企业集团之一。连年被评为全国500家最佳经济效益工业企业、中国行业百强企业。高品质的燕京啤酒先后荣获"第31届布鲁塞尔国际金奖""首届全国轻工业博览会金奖""全国行业质量评比优质产品奖"，并获"全国啤酒质量检测A级产品""全国用户满意产品""中国名牌产品"等多项荣誉称号。燕京啤酒被指定为"人民大会堂国宴特供酒""中国国际航空公司等四家航空公司配餐用酒"，1997年燕京牌商标被国家工商总局认定为"驰名商标"。

4. 哈尔滨啤酒

哈尔滨啤酒始于1900年，由俄罗斯商人乌卢布列夫斯基创建，是中国历史最悠久的啤酒品牌。

1993年安海斯·布希（AB）公司收购青岛啤酒5%的股权，并于1995年成立百威（武汉）国际啤酒有限公司。2004年，哈尔滨啤酒有限公司被AB公司收购，成为旗下全资子公司。

经过百年的发展，哈尔滨啤酒集团已经成为国内第五大啤酒酿造企业。作为东北市场的佼佼者，哈尔滨啤酒集团在哈尔滨占有66%左右的市场份额，在全国的市场份额约达5%。2002年，哈尔滨啤酒集团成为首家荣获"中国名牌产品生产企业"称号的黑龙江企业。三年后，哈尔滨啤酒集团再度当选，成为黑龙江省首家连续两度夺得这一殊荣的企业。

（二）世界著名啤酒

（1）卢云堡（Lowenbrou） 德国传统啤酒，色泽较深。

（2）慕尼黑（Munich） 德国慕尼黑地区生产的优质啤酒。该啤酒轻快爽适，有浓郁的焦麦芽香味，口味微苦。

（3）嘉士伯（Carlsberg） 丹麦生产的著名啤酒。

（4）百威（Budweiser） 美国生产的一种极富时代感的清淡型啤酒（图1-4-33）。

（5）麒麟（Kirin） 日本生产的著名啤酒。

（6）朝日（Asahi） 日本生产的啤酒，口味较重。

（7）虎牌（Tiger） 新加坡和荷兰合资生产的著名啤酒。

（8）生力（San Miguel） 是菲律宾广受欢迎的啤酒。

（9）福斯特（Foster） 澳大利亚生产的著名啤酒。

（10）喜力（Heiniken）（图1-4-34） 荷兰的传统啤酒。

（11）圣马丁（San Martin） 西班牙生产的著名啤酒。

（12）科罗拉（Corona） 墨西哥生产的著名啤酒（图1-4-35）。

（13）艾丁格无醇啤酒（Erdinger） 德国生产的无醇啤酒（图1-4-36）。

图1-4-33 百威

图1-4-34 喜力

图1-4-35 科罗拉

图1-4-36 艾丁格无醇啤酒

【任务评价】

任务评估标准及其评估分值

评估指标	基本完成评估标准 评估分值60分	达到要求评估标准 评估分值40分	评估成绩100分
语言表达30分	声音洪亮、清晰18分	流畅，语速适当，语言动听12分	
仪态30分	仪态规范，表情自然舒展18分	动作优美，富有表现力12分	
内容40分	内容正确全面，能从四个方面进行描述24分	有自己的观点并得出正确结论16分	

任务3 黄酒

【任务设立】

要求学生收集黄酒相关资料、参观附近大型超市，分组交流对黄酒的认识。

【任务目标】

帮助学生了解黄酒的相关知识。

要求老师将学生分组，组织各组学生相互交流。

要求学生去超市实地参观，注意安全。

【理论指导】

黄酒是中国古老的酒精饮料之一，是中国的特色酒品。几千年来，广大劳动人民在黄酒的生产中积累了丰富的经验，使中国黄酒品质优良、风味独特。

黄酒以粮食为原料，通过特定的加工过程，受到酒药、曲（麦曲、红曲）和浆水（浸米水）中不同种类的霉菌、酵母和细菌的共同作用而酿成的一种低度压榨酒。黄酒酒液中主要有糖分、糊精、醇类、甘油、有机酸、氨基酸、脂类、维生素等成分，是一种营养价值很高的饮料。这些成分及其变化、配合，形成了黄酒的浓郁香气，鲜美口味和醇厚酒体等特点。

一、黄酒的起源

黄酒是世界上最古老的一种酒，它源于中国，唯中国独有，与啤酒、葡萄酒并称世界三大古酒。约在3000多年前的商周时代，中国人独创酒曲复式发酵法，开始大量酿制黄酒。从宋朝时期，开始生产烧酒，元朝烧酒在北方得到普及，黄酒生产逐渐萎缩。南方人饮烧酒者不如北方普遍，在南方，黄酒生产得以保留。在清朝时期，南方绍兴一带的黄酒誉满天下。

二、黄酒的分类

在最新的国家标准中，黄酒的定义是：以稻米、粟米、黑米、玉米、小麦等为原料，经过蒸抖，拌以麦曲、米曲或酒药，进行糖化和发酵酿造而成的各类黄酒。

（一）按黄酒的含糖量分类

1. 干黄酒

干黄酒的含糖量小于1.00克/100毫升（以葡萄糖汁），如元红酒。

2. 半干黄酒

半干黄酒的含糖量在1.00%～3.00%。我国大多数出口的黄酒均属此种类型。

3. 半甜黄酒

半甜黄酒含糖量在3.00%～10.00%，是黄酒中的珍品。

4. 甜黄酒

甜黄酒糖分含量在10.00%～20.00%。由于加入了米白酒，酒精度液较高。

5. 浓甜黄酒

浓甜黄酒糖分大于或等于20克/100毫升。

（二）按黄酒酿造方法分类

1. 淋饭酒

淋饭酒是指蒸熟的米饭用冷水淋凉，拌入酒药粉末，搭窝，糖化，最后加水发酵成酒。

2. 摊饭酒

摊饭酒是指将蒸熟的米饭摊在竹算上，使米饭在空气中冷却，然后再加入麦曲、酒母（淋饭酒母）、浸米浆水等，混合后直接进行发酵。

3. 喂饭酒

按这种方法酿酒时，米饭不是一次性加入，而是分批加入。

（三）按黄酒酿酒用曲的种类分类

按黄酒酿酒用曲不同，可分为麦曲黄酒、小曲黄酒、红曲黄酒、乌衣红曲黄酒、黄衣红曲黄酒等。

三、黄酒的功效及保存

黄酒色泽鲜明、香气好、口味醇厚，酒性柔和，酒精含量低，含有13种以上的氨基酸（其中有人体自身不能合成但必需的八种氨基酸）和多种维生素及糖氮等多量浸出物。黄酒有相当高的热量，被称为液体蛋糕。

黄酒除作为饮料外，在日常生活中也将其作为烹饪菜的调味剂或"解腥剂"。另外在中药处方中常用黄酒浸泡、炒煮、蒸炙某种草药，又可调制某种中药丸和泡制各种药酒，是中药制剂中用途广泛的"药引子"。

成品黄酒都用煎煮法灭菌，用陶坛盛装，既可直接饮用，也便于久藏。另外，酒坛用无菌荷叶和笋壳封口，并用糠和黏土等混合加封泥头，封口既严密又便于开启，酒液在陶坛中进行后熟，越陈越香，这就是黄酒称为"老酒"的原因。

黄酒是原汁酒，很容易发生的病害是酸败腐变。病黄酒主要表现有：酒液明亮度降低，浑浊或有悬浮物质，有结成痂皮薄膜，气味酸臭，有腐烂的刺鼻味，酸度超过0.6克/100毫升，不堪入口等。酸败的主要原因有：煎酒不足，坛口密封不好，光线长期直接照射，储酒温度过高，夏季开坛后细菌侵入，用其他提酒用具提取黄酒，感染其他霉变物质等。

四、黄酒的饮用及品评

黄酒传统的饮法是温饮，即将盛酒器放入热水中烫热或直接烧煮，以达到其最佳饮用温度。温饮可使黄酒酒香浓郁，酒味柔和。

黄酒也可在常温下饮用。另外在我国香港和日本，流行加冰后饮用，即在玻璃杯中加入一些冰块，注入少量的黄酒，最后加水稀释饮用。有的也可以放一片柠檬入杯。

黄酒的品评基本上可分为色、香、味、体四个方面。

（一）色

黄酒的颜色在酒的品评中一般占10%的影响程度。好的黄酒必须是色正（橙黄、橙红、黄褐、红褐），透明，清亮有光泽。

（二）香

黄酒的香在酒的品评中一般占25%的影响程度。好的黄酒，有一股强烈而优美的特殊芳香。构成黄酒香气的主要成分有醛类、酮类、氨基酸类、酯类、高级醇类等。

（三）味

黄酒的味在品评中占有50%的比重。黄酒的基本口味有甜、酸、辛、苦、涩等。黄酒应在优美香气的前提下，具有糖、酒、酸调和的基本口味。如果突出了某种口味，就会使酒出现过甜，过酸或有苦涩等感觉，影响酒的质量。一般好的黄酒必须是香味浓郁、质纯可口，尤其是糖的甘甜、酒的醇香、酸的鲜美、曲的苦辛配合协调，余味绵长。

（四）体

体就是风格，是指黄酒的组成整体，它全面反映酒中所含基本物质（乙醇、水、糖）和香味物质（醇、酸、酯、醛等）。由于黄酒生产过程中，原料、曲和工艺条件不同，酒中组成物质的种类含量也随之不同，因而可形成黄酒各种不同特点的酒体。在评酒中黄酒的酒体占15%的影响程度。

五、中国名优黄酒

（一）绍兴黄酒

1. 产地

绍兴黄酒，简称"绍酒"，产于浙江省绍兴市。

2．历史

据《吕氏春秋》记载："越王苦会稽之耻，有酒流之江，与民同之。"可见在2000多年前的春秋时期，绍兴已经产酒。到南北朝以后，绍兴酒有了更多的记载。南朝《金缕子》中说："银瓯贮山阴（绍兴古称）甜酒，时复进之。"宋代的《北山酒经》中亦认为："东浦（东浦为绍兴市西北10余里的村名）酒最良。"到了清代，有关黄酒的记载就更多了。20世纪30年代，绍兴境内有酿酒坊达2000余家，年产酒6万多吨，产品畅销中外，在国际上称誉。

3．特点

绍兴黄酒具有色泽橙黄清澈、香气馥郁芬芳、滋味鲜甜醇美的独特风格。绍兴黄酒有越陈越香、久藏不坏的优点，人们说它有"长者之风"。

4．工艺

绍兴黄酒在工艺操作上一直恪守传统。冬季"小雪"淋饭（制酒母），至"大雪"摊饭（开始投料发酵），到第二年"立春"时开始榨就，然后将酒煮沸，用酒坛密封盛装，进行储藏，一般三年后才投放市场。但是，不同的品种，其生产工艺又略有不同。

（1）元红酒　元红酒又称状元红酒。因在其酒坛外表涂朱红色而得名。酒精度在15°以上，糖分为0.2%～0.5%，须储藏1～3年才上市。元红酒酒液橙黄透明，香气芬芳，口味甘爽微苦，有健脾作用。元红酒是绍兴黄酒家族的主要品种，产量最大，且价廉物美，素为广大消费者所乐于饮用。

（2）加饭酒　加饭酒在元红酒基础上精酿而成，其酒精度在18°以上，糖分在2%以上。加饭酒酒液橙黄明亮、香气浓郁、口味醇厚，宜于久藏（越陈越香）。饮时加温，则酒味尤为芳香，适当饮用可增进食欲，帮助消化，消除疲劳。

（3）善酿酒　善酿酒又称"双套酒"，始创于1891年，其工艺独特，是用陈年绍兴元红酒代替部分水酿制的加工酒，新酒尚需陈酿1～3年才供应市场。其酒精度在14°左右，糖分在8%左右，酒色深黄、酒质醇厚、口味甜美、芳馥异常，是绍兴黄酒中的佳品。

（4）香雪酒　香雪酒为绍兴黄酒的高档品种，以淋饭酒拌入少量麦曲，再用绍兴黄酒糟蒸馏而得到的50°白酒勾兑而成。其酒精度在20°左右，含糖量在20%左右，酒色金黄透明。经陈酿后，此酒上口、鲜甜、醇厚，既不会感到有白酒的辛辣味，又具有绍兴黄酒特有的浓郁芳香，为广大国内外消费者所欢迎。

（5）花雕酒　在储存的绍兴酒坛外雕绘五色彩图。这些彩图多为花鸟鱼虫、民间故事及戏剧人物，具有民族风格，习惯上称为"花雕酒"或"远年花雕"。

（6）女儿酒　浙江地区风俗，生子之年，选酒数坛，泥封窖藏。待子到长大成人婚嫁之日，方开坛取酒宴请宾客。生女时相应称其为"女儿酒"或"女儿红"，生男称为"状元红"，因经过20余年的封藏，酒的风味更臻香醇。

5．荣誉

绍兴黄酒1910年曾获南洋劝业会特等金牌；1924年在巴拿马赛会上获银质奖章；1925年在西湖博览会上获金牌；1963年和1979年绍兴黄酒中的加饭酒被评为我国十八大名酒之一，并获金质奖章；1985年又分别获巴黎国际旅游美食金质奖章和西班牙马德里酒类质量大赛的景泰蓝奖。2006年1月，浙江古越龙山绍兴酒股份有限公司生产的十年陈酿半干型绍兴酒首批通过国家酒类质量认证。

（二）即墨老酒

1．产地

即墨老酒产于山东省即墨县。

2．历史

公元前722年，即墨地区（包括崂山）已是一个人口众多、物产丰富的地方。这里土地肥沃，黍米高产（俗称大黄米），米粒大，光圆，是酿造黄酒的上乘原料。当时，黄酒作为一种祭祀品和助兴饮料，酿造极为盛行。在长期的实践中，"醑酒"风味之雅、营养之高，引起人们的关注。古时地方官员把"醑酒"当作珍品向皇室进贡。相传，春秋时齐国君齐景公朝拜崂山仙境，谓之"仙酒"；战国齐将田单巧摆"火牛阵"大破燕军，谓之"牛酒"；秦始皇东赴崂山索取长生不老药，谓之"寿酒"；几代君王开怀畅饮此酒，谓之"珍浆"。唐代中期，"醑酒"又称"骷辘酒"。到了宋代，人们为了把酒史长、酿造好、价值高的"醑酒"同其他地区黄酒区别开来，以便于开展贸易往来，故又把"醑酒"改名为"即墨老酒"，此名沿用至今。清代道光年间，即墨老酒产销达到极盛时期。

3. 特点

即墨老酒酒液墨褐带红，浓厚挂杯，具有特殊的糜香气。饮用时醇厚爽口，微苦而余香不绝。据化验，即墨老酒含有17种氨基酸，16种人体所需要的微量元素及酶类维生素。每公斤老酒氨基酸含量比啤酒高10倍，比红葡萄酒高12倍，适量常饮能驱寒活血，舒筋止痛，增强体质，加快人体新陈代谢。

4. 成分

即墨老酒以当地龙眼黍米、麦曲为原料，崂山"九泉水"为酿造用水。

5. 工艺

即墨老酒在酿造工艺上继承和发扬了"古遗六法"，即"黍米必齐、曲蘖必时、水泉必香、陶器必良、湛炽必洁、火剂必得"。所谓黍米必齐，即生产所用黍米必须颗粒饱满均匀，无杂质；曲蘖必时，即必须在每年中伏时，选择清洁、通风、透光、恒温的室内制曲，使之产生丰富的糖化发酵酶，陈放一年后，择优选用；水泉必香，即必须采用质好、含有多种矿物质的崂山水；陶器必良，即酿酒的容器必须是质地优良的陶器；湛炽必洁，即酿酒用的工具必须加热烫洗，严格消毒；火剂必得，即讲究蒸米的火候，必须达到焦而不糊，红棕发亮，恰到好处。

新中国成立以前，即墨老酒属作坊型生产，酿造设备为木、石和陶瓷制品，其工艺流程为：浸米、烫米、洗米、糊化、降温、加曲保温、糖化、冷却加酵母、入缸发酵、压榨、陈酿、勾兑等。新中国成立以后，即墨县黄酒厂对老酒的酿造设备和工艺进行了革新，逐步实现了工厂化、机械化生产。

6. 荣誉

即墨老酒产品畅销国内外，深受消费者好评，被专家誉为我国黄酒的"北方骄子"和"典型代表"，被视为黄酒之珍品。即墨老酒在1963年和1974年的全国评酒会上先后被评为优质酒，荣获银牌；1984年在全国酒类质量大赛中荣获金杯奖。

（三）沉缸酒

1. 产地

沉缸酒产于福建省龙岩。因在酿造过程中，酒醅沉浮三次后沉于缸底，故而得名。

2. 历史

沉缸酒始于明末清初，距今已有170多年历史。传说，在距龙岩县城30余里的小池村，有位从上杭来的酿酒师傅，名叫五老官。他见这里有江南著名的"新罗第一泉"，便在此地开设酒坊。刚开始时按照传统酿制，以糯米制成酒醅，得酒后入坛，埋藏三年出酒，但酒精度低，酒劲小、酒甜、口淡。于是他进行改进，在酒醅中加入低度米烧酒，压榨后得酒，人称"老酒"，但还是不醇厚。他又二次加入高度米烧酒使老酒陈化、增香后形成了如今的"沉缸酒"。

3. 特点

沉缸酒酒液鲜艳透明，呈红褐色，有琥珀光泽，酒味芳香扑鼻，醇厚馥郁，饮后回味绵长。此酒糖度高，没有一般甜型黄酒的黏稠感，使人们得糖的清甜、酒的醇香、酸的鲜美、曲的苦味，当酒液触舌时各味同时毕现，风味独具一格。

4．成分

沉缸酒是以上等糯米、福建红曲、小曲和米烧酒等经长期陈酿而成。酒内含有糖类、氨基酸等富有营养价值的成分。其糖化发酵剂——白曲是用冬虫草、当归、肉桂、沉香等30多种名贵药材特制而成。

5．工艺

沉缸酒的酿造法集我国黄酒酿造的各项传统精湛技术于一体。用曲多达四种。有当地祖传的药曲，其中加入冬虫夏草、当归、肉桂、沉香等30多种名贵药材；有散曲，这是我国最为传统的散曲，作为糖化用曲；有白曲，这是南方特有的米曲；红曲更是龙岩酒，酿造必加之曲。酿造时，先加入药曲、散曲和白曲，酿成甜酒酿，再分别投入著名的古田红曲及特制的米白酒陈酿。在酿制过程中，一不加水、二不加糖、三不加色、四不调香，完全靠自然而成。

6．荣誉

1959年，沉缸酒被评为福建省名酒；在第二、三、四届全国评酒会上三次被评为国家名酒，并获得国家金质奖章；1984年，在轻工业部酒类质量大赛中，获金杯奖；2004年获中国国际评酒会银奖。

【任务评价】

任务评估标准及其评估分值

评估指标	基本完成评估标准 评估分值60分	达到要求评估标准 评估分值40分	评估成绩100分
任务完成状况50分	每组实地参观，收集到相关资料30分	每组资料进行整合，形成书面材料20分	
交流现场50分	汇报内容丰富10分 踊跃发言10分 秩序良好10分	组长负责，体现团队合作精神20分	

任务4 清酒

【任务设立】

要求学生在了解日本文化、日本酒文化的基础上认识日本清酒及主要品牌。

要求学生收集各种资料，获取日本清酒的相关信息，从清酒的历史、主要品种、特点等几个方面进行整理，在课堂上和同学们一起分享收集的资料。

帮助学生了解日本文化、日本酒文化。

帮助学生认识日本清酒。

要求学生积极主动收集资料，并对相关知识进行扩展。

一、清酒的起源

清酒与我国黄酒是同一类型的低度米酒。清酒是借鉴中国黄酒的酿造法而发展起来的日本国酒。1000多年来，清酒一直是日本人最常喝的饮料酒。

据中国史料记载，古时候日本只有浊酒。后来有人在浊酒中加入石炭使其沉淀，取其清澈的酒液饮用，于是便有了清酒之名。公元7世纪时，百济（古朝鲜）与中国交流频繁，中国用"曲种"酿酒的技术由百济传到日本，使日本的酿酒业得到很大发展。14世纪，日本的酿酒技术已成熟，人们用传统的酿造法生产出上乘清酒。

二、清酒的分类

清酒按照制作方法、口味和储存期等可分为以下几类。

（一）按制作方法分类

1. 纯酿造清酒

纯酿造清酒即为纯米酒，不添加食用酒精。此类产品多数外销。

2. 吟酿造清酒

制造吟酿造清酒时，要求所用的原料"精米率"在60%以下。日本酿造清酒很讲究糙米的精白度，以精米率衡量精白度，精白度越高，精米率就越低。精白后的米吸水快，容易蒸熟、糊化，有利于提高酒的质量。"吟酿造"被誉为"清酒之王"。

3. 增酿造酒

增酿造酒是一种浓而甜的清酒，在勾兑时添加食用酒精、糖类、酸类等原料调制而成。

（二）按口味分类

1. 甜口酒

甜口酒糖分较多，酸度较低。

2. 辣口酒

辣口酒酸度高，糖分少。

3. 浓醇酒

浓醇酒糖分含量高，口味醇厚。

4. 淡丽酒

淡丽酒糖分含量少，爽口。

5. 高酸味酒

高酸味酒酸度高。

6. 原酒

原酒是制作后不加水稀释的清酒。

7. 市售酒

市售酒是原酒加水稀释后装瓶出售的清酒。

三、清酒的特点

清酒色泽呈淡黄色或无色，清亮透明，具有独特的清酒香，口味酸度小，微苦，绵柔爽口，其酸、甜、苦、辣、涩味协调，酒精度在16°左右，含多种氨基酸、维生素，是营养丰富的饮料酒。

四、清酒的生产工艺

清酒以大米为原料，将其浸泡，蒸煮后，拌以米曲进行发酵，制出原酒，然后经过过滤、杀菌、储存、勾兑等一系列工序酿制而成。

清酒的制作工艺十分考究。精选的大米要经过磨皮，使大米精白，浸泡时吸水十分快，而且容易蒸熟；发酵分成前后两个阶段；杀菌处理在装瓶前后各进行一次，以确保酒的保质期；勾兑酒液时注重规格和标准。

五、清酒的饮用和服务

（1）作为佐餐酒或餐后酒。

（2）使用褐色或紫色玻璃杯，也可用浅平碗或小陶瓷杯。

（3）清酒在开瓶前应存在低温黑暗的地方。

（4）可常温饮用，以16℃左右为宜，如需加温饮用，加温一般至40～50℃，温度不可过高。也可以冷藏后饮用或加冰块和柠檬饮用。

（5）在调制马提尼酒时，清酒可作为干味美思的替代品。

（6）清酒陈酿并不能使其品质提高，开瓶后就应放在冰箱里，6周内饮完。

六、清酒名品

日本清酒常见的有：月桂冠、大关、白雪和松竹梅等。最新品种有浊酒等。

1. 浊酒

浊酒是与清酒相对的，清酒醪经压滤后所得的新酒，静置一周后，抽出上清部分，其留下的白浊部分即为浊酒。浊酒的特点是有生酵母存在，会连续发酵产生二氧化碳，因此应用特殊瓶塞和耐压瓶子盛装。装瓶后加热到65℃灭菌或低温储存，并尽快饮用。此酒被认为外观珍奇，口味独特。

2. 红酒

在清酒醪中添加红曲的酒精浸泡液，再加入糖类及谷氨酸钠，调配成具有鲜味且糖度与酒精度均较高的红酒。由于红酒易褪色，在选用瓶子及库房时要注意避光，并尽快饮用。

3. 红色清酒

红色清酒是在清酒醪主发酵结束后，加入60°以上的酒精红曲浸泡而成的。红曲用量以制曲原料的多少来计算，为总米量的25%以下。

4. 赤酒

赤酒在第三次投料时，加入总米量的2%的麦芽以促进糖化。另外，在压榨前一天加入一定量的石灰，在微碱性条件下，糖与氨基酸结合成氨基糖，呈红褐色，而不使用红曲。此酒为日本熊本县特产，多在举行婚礼时饮用。

5. 贵酿酒

贵酿酒与我国黄酒类的善酿酒加工原理相同。制作时投料水的一部分用清酒代替，使醪的温度达9～10℃，即抑制酵母的发酵速度，而糖化生成的浸出物则残留较多，制成浓醇而香甜型的清酒。

此酒多以小瓶包装出售。

6. 高酸味清酒

利用白曲霉及葡萄酵母，采用高温糖化酵母，醪发酵最高温度21℃，发酵9天制成类似于葡萄酒型的清酒。

7. 低酒精度清酒

酒精度为10°～13°，适合女士饮用。低酒精度清酒市面上有三种：一是普通清酒（酒精度12°左右）加水；二是纯米酒加水；三是柔和型低度清酒，是在发酵后期追加水和曲，使醪继续糖化和发酵，等到最终酒精度达12°时压榨制成。

8. 长期储存酒

老酒型的长期储存酒，为添加少量食用酒精的本酿造酒或纯米清酒。储存时应尽量避免光线和接触空气。储存期五年以上的酒，称为"秘藏酒"。

9. 发泡清酒

将清酒醪发酵10天后进行压榨，滤液用糖化液调整至三个波美度，加入新鲜酵母再发酵。室温从15℃逐渐降到0℃以下，使二氧化碳大量溶解在酒中，再用压滤机过滤，以原曲耐压罐储存，在低温条件下装瓶，瓶口加软木塞，并用铁丝固定，60℃灭菌15分钟。发泡清酒在制法上兼具啤酒和清酒酿造工艺，在风味上，兼备清酒及发泡性葡萄酒的风味。

10. 活性清酒

活性清酒为酵母不杀死即出售的清酒。

11. 着色清酒

将色米的食用酒精浸泡液加入清酒中，便成着色清酒。中国台湾地区和菲律宾的褐色米、日本的赤褐色米、泰国及印尼的紫红色米，表皮都含有花色素系的黑紫色或红色素成分，是生产着色清酒的首选色米。

【任务评价】

任务评估标准及其评估分值

评估指标	基本完成评估标准 评估分值60分	达到要求评估标准 评估分值40分	评估成绩100分
资料收集50分	内容丰富，全面30分	资料进行整理，条理清晰20分	
分享现场50分	汇报内容丰富10分 踊跃发言10分 秩序良好10分	有拓展知识20分	

项目小结

本项目系统地介绍了葡萄酒的特点和种类，总结了葡萄酒等级、制作工艺及世界著名的葡萄酒生产国。还介绍了啤酒、黄酒和清酒的历史起源、制作工艺、特点、分类和著名品牌。

实验实训

分组品评各种类型的葡萄酒、啤酒、黄酒、清酒，掌握其名称、商标、产地、口感等知识，分组练习斟倒红葡萄酒、白葡萄酒、啤酒、黄酒、清酒。

思考与练习题

1. 试述葡萄酒的种类和特点。
2. 简述葡萄酒的命名方法。
3. 试述葡萄酒的鉴别。
4. 简述法国葡萄酒的等级制度。
5. 简述法国葡萄酒的著名产区及名品。
6. 简述意大利葡萄酒的著名产区及名品。
7. 简述中国葡萄酒的主要产区及名品。
8. 试述啤酒的质量如何鉴别。
9. 试述啤酒分类及饮用服务。
10. 中外著名啤酒品牌有哪些?
11. 试述黄酒的品评饮用与服务。
12. 中国著名的黄酒品牌有哪些?
13. 试述中国黄酒与日本清酒的异同。
14. 试述清酒的饮用与服务。

项目五
配制酒

■ 项目概述

　　配制酒通常以酿造酒、蒸馏酒为基酒加入各种酒精或香料而成。配制酒的名品多来自欧洲，其中以法国、意大利等国最有名。配制酒的品种繁多，风格各不相同，主要可以归纳为开胃酒、甜食酒和利口酒三大类。

■ 项目学习目标

了解配制酒的含义和特点
掌握开胃酒、甜食酒、利口酒的特点、生产工艺及名品

■ 项目主要内容

- 开胃酒
  味美思
  比特酒
  茴香酒
- 甜食酒
  雪利酒
  波特酒
- 利口酒
- 中国配制酒
  露酒
  药酒与滋补酒（保健酒）

任务 1 　开胃酒（Aperitif）

要求学生收集资料，从酿造工艺、分类、代表名品、药效等方面介绍一款开胃酒，在课堂上进行交流。

【任务目标】

帮助学生了解开胃酒的酿造工艺，了解其药效。

【任务要求】

要求老师将学生分组，每组介绍一款开胃酒，不能雷同。

要求学生收集资料，整理资料，由每组选出代表来作介绍，教师现场指导。

【理论指导】

开胃酒又称餐前酒。开胃酒的名称源于专门在餐前饮用的能增加食欲的酒。开胃酒的概念比较含糊，随着饮酒习惯的演变，开胃酒逐渐被专门用于指以葡萄酒和某些蒸馏酒为主要原料的配制酒，如：味美思（Vermouth）、比特酒（Bitter）和茴香酒（Anise）等。开胃酒大约在公元前400年就开始流行了。当时，酿造这些酒的是药剂师，主要提供给皇家贵族们饮用，因为他们认为这些酒是长生不老药。不过，因为开胃酒酿酒的香料、草药有40多种，所以开胃酒的确具有一定的药效。意大利和法国是世界上著名的开胃酒产地。

一、味美思（Vermouth）

味美思酒是以葡萄酒为酒基，并加入各种植物的根、茎、叶、皮、花、果实以及种子等芳香物质酿造而成的。因为这种酒中加入了苦艾草（Wormwood），因此人们也称为苦艾酒。味美思以意大利、法国生产的最为著名。

（一）味美思的酿造工艺

味美思是加香葡萄酒中最闻名的品种。一般来说味美思是以葡萄酒为酒基，加入苦艾等25～40种植物和蒸馏酒配制而成的含酒精饮料。酒精度在17°～20°。根据不同的品种，调配方法也多有区别，如白味美思还需要加入冰糖和食用酒精或蒸馏酒，红味美思需要加入焦糖调色。味美思的制作方法有三种：

（1）在已制成的葡萄酒中加入药料直接浸泡。

（2）预先制造出香料，再按比例加至葡萄酒中。

（3）在葡萄汁发酵期，将配好的药料投入发酵。

（二）味美思的分类

世界上著名的味美思可分为以下三类。

（1）白味美思　白味美思呈金黄色，香气柔美，口味鲜嫩，含糖量为10%～15%，酒精度为18°。

（2）红味美思　红味美思呈深红色，香气浓郁，口味独特，是以红葡萄酒为基酒，加入玫瑰花、柠檬和橙皮、肉桂等许多香料酿制而成。含糖量为15%，酒精度为18°。

（3）干味美思　干味美思根据生产国的不同，颜色也有差异，如法国干味美思呈草黄或棕黄色；意大利干味美思呈淡白或淡黄色。干味美思含糖量均不超过4%，酒精度为18°。

（三）味美思主要名品

味美思以法国、意大利生产为最佳。主要名品有仙山露（Cinzano）、马天尼（Martini）（图1-5-1～图1-5-3）、香白丽（Chambery）、杜法尔（Duval）等。

图1-5-1　白马天尼　　　　　　图1-5-2　红马天尼　　　　　　图1-5-3　干马天尼

二、比特酒

比特酒是从古药酒演变而来，至今还保留着药用和滋补的功能。比特酒是用多种植物原料，以酒浸制调制而成的。其酒精度在18°～45°，具有助消化、滋补和兴奋的作用。

比特酒与味美思的不同之处在于比特酒带苦原料的比例较大，有金鸡纳树皮、苦橘皮、苦柠檬皮、龙胆草、阿尔卑斯草。比特酒的配制酒基用葡萄酒或食用酒精，现在越来越多采用食用酒精直接与草药掺兑工艺。

比特酒品种繁多，有清香型的，也有浓香型的；有淡色比特，也有深色比特；有比特酒，也有比特精。

（一）金巴利（Campari）

金巴利（图1-5-4）产于意大利的米兰，它是意大利人欢迎的开胃酒。其配方已超过千年历史。它是由橘皮、金鸡纳霜及多种香草与烈酒调配而成的。酒液呈棕红色，药味浓郁，口感微苦而舒适，酒精度为26°。金巴利有多种喝法，其中以金巴利加橙汁、西柚汁，金巴利加冰块。金巴利加苏打水喝法最为流行。

（二）杜本内（Dobonnet）

杜本内（图1-5-5）产于法国巴黎，以葡萄酒为基酒，酒色深红，药香突出，苦中带甜，风味独特。杜本内有红、白两种类型。以红杜本内最出名，酒精度为18°。习惯饮法为加冰，加一片柠檬以缓解其甜味。

图1-5-4　金巴利

（三）安哥斯特拉苦精（Angostura）

安哥斯特拉苦精是一种红色苦味剂，由委内瑞拉医生西格特（Siegert）在1824年发明，起初是用于退热的药酒，现广泛作为开胃酒。它是世界上最著名的苦味酒之一，是以朗姆酒为基酒，以龙胆草为主要调辅料，配制秘方至今分成四个部分放在纽约银行的保险柜中。此酒药香悦人，经常用来调配鸡尾酒。

三、茴香酒（Anises）

茴香酒是用茴香油与食用酒精或蒸馏酒配制而成的。茴香油一般从八角茴香和青茴香中提取，前者多用于开胃酒的制作，后者多用于利口酒的制作。

茴香酒有无色和染色之分，酒液视品种的不同而呈不同的颜色。一般茴香味很浓，味重而刺激，酒精度在25°左右。

茴香酒以法国生产最著名，理察（Ricard）（图1-5-6）、培诺（Pernol）（图1-5-7）和森伯加茴香味（Molinari）为法国茴香酒的著名品牌。

图1-5-5　杜本内

图1-5-6　力加茴香味的开胃酒

图1-5-7　培诺

【任务评价】

任务评估标准及其评估分值

评估指标	基本完成评估标准 评估分值60分	达到要求评估标准 评估分值40分	评估成绩100分
介绍内容50分	内容丰富，全面30分	条理清晰，有自己的见解20分	
表达25分	声音洪亮，吐字清楚15分	语音动听，语速得当10分	
表情25分	表情自然舒展15分	表情丰富，有吸引力10分	

甜食酒（Dessert Wines）

要求学生收集资料，从种类、特点、服务方式等方面介绍一款甜食酒，在课堂上进行交流。

【任务目标】

帮助学生了解甜食酒的种类及服务方式。

【任务要求】

要求老师将学生分组，每组介绍一款甜食酒，不能雷同。

要求学生收集资料，整理资料，由每组选出代表来作介绍，教师现场指导。

【理论指导】

甜食酒是以葡萄酒为主要原料加入少量白兰地或者食用酒精而制成的一种含酒精饮料。其主要特点是口味较甜，通常是在佐助餐后甜食时饮用的酒品。这种酒的酒精含量超过普通餐酒的一倍，开瓶后仍可保存较长时间，甜食酒又称为强化葡萄酒。常见的甜食酒有雪利酒、波特酒、玛德拉酒、玛萨拉酒等。

一、雪利酒（Sherry）

雪利酒又称为些厘酒，原产于西班牙的加迪斯（Cadiz），是西班牙的国酒。英国人称其为Sherry，英国人嗜好雪利酒胜过西班牙人，人们于是以英文名字称其为雪利酒。

雪利酒是以葡萄酒为基酒，以当地的葡萄蒸馏酒勾兑，采用独特的"烧乐腊"陈酿法，即每年逐级转桶，当最后一级的酒已陈酿完毕，放出三分之一装瓶，由上一级木桶的酒将之续满，一级一级往上类推，所以雪利酒绝大多数是采用不同年份的产品调配而成的。陈酿15~20年时，质量最好，常见的有10年陈酿、20年陈酿。世界上许多国家都在生产雪利酒，但西班牙的赫雷斯市周围生产的雪利酒是最好的，属于顶级酒品。

（一）雪利酒的种类及特点

西班牙的雪利酒有两大类：干型雪利酒和甜型雪利酒。其他品种均属这两类的变型酒品。

1. 干型雪利酒

此酒又名菲诺（Fino），以清淡著称，有新鲜的苹果或苦杏仁的香气，酒精含量为16%~18%。常被用作开胃酒，需冰镇后饮用。干型雪利酒可细分为以下三种。

（1）曼赞尼拉（Manzanila）　产于海滨的干型雪利酒，色泽金黄，口感清淡，酒质柔和细腻，带有丝丝咸味，具有杏仁的苦味。

（2）阿莫提拉多（Amontillado）　半干型的雪利酒，酒呈琥珀色，口味柔和浓醇，有坚果的香味，略带辣味。这种酒是难得的陈年酒。

（3）巴尔玛（Palma）　干型雪利酒出口的名称，分为四个档次，档次越高，酒越陈。

2. 甜型雪利酒（图1-5-8）

此酒又名奥鲁罗索（Oloroso），酒呈黄色，酒质芳醇，带有核桃香味，口感浓烈，甘甜可口。酒精含量为18%～20%，酒龄长的酒精含量更高，是理想的甜食酒。可细分为三种：

（1）阿莫露索（Amoroso）酒液呈深红色，口感凶烈，劲足力大，甘甜圆正。

（2）帕乐卡特多（Palo Corado）是稀有的珍品雪利酒。酒液呈金黄色，口感甘洌、浓醇。

（3）乳酒（Cream Sherry）浓甜型雪利酒，酒呈宝石红色，口感温和。

（二）雪利酒的名品与储存

雪利酒的名品有：夏薇（Harveys）、米莎（Misa）、蒙提亚（Montilla）。

雪利酒应在专门的酒库中通风、通气，经过一段时间的储存，达到规定的酒龄（一般不超过三年），即可对酒进行有关方面的后处理，如调配、杀菌、澄清、装瓶等。同时，也可做成其他类型的雪利酒。

图1-5-8　甜雪利酒

二、波特酒（Port）

波特酒是著名的加强葡萄酒之一。原产于葡萄牙，现在在美国、澳大利亚也有生产。品质最好的波特酒来自葡萄牙波尔图市。

波特酒是用葡萄汁发酵与白兰地勾兑而成的配制酒。波特酒的色泽非常艳丽。作为餐后甜酒，红波特酒在世界上享有很高的声誉。

（一）波特酒的种类

酿酒年份、呈酿期限和勾兑过程会形成不同风格的酒。

（1）宝石红波特酒（Ruby Porto）陈酿时间最短，只有5～8年。成品酒由数种原酒混合勾兑而成，装瓶后酒质稳定不变。酒液色如红宝石，味甘甜，后劲大，果香浓郁。

（2）白波特酒（White Poto）由白葡萄酒酿制而成，酒液色泽越浅，口感越干的酒，品质越好。

（3）茶色波特酒（Tawany Porto）是波特酒中的优质产品。一般来说，陈酿期不比宝石红波特酒长，但酒色较深，呈深红或红中带棕。这类酒最好的产品经长期陈酿呈茶色。酒标上会注明用于混合的各种酒的平均酒龄。

（4）年份波特酒（Vintage Porto）是最好、最受欢迎的波特酒，由一个特别好的葡萄丰收年收获的葡萄酿造而成，在酒标上注明年份。陈酿先在桶中进行，2～3年后装瓶继续陈酿，10年后老熟，寿命长达35年。装瓶后的酒质会发生变化，酒液色泽深红，酒质细腻，口味醇厚，酒香协调。陈化过程中会自然产生沉淀，饮用前要滗酒。后期装瓶的年份波特酒是同类酒中的极品，陈酿时间长，单在木桶中就陈酿4～6年，简称LBV。

（二）波特酒的名品与储存

波特酒的名品有：克罗夫特（Croft）、科克本（Cockburn's）、泰乐（Taylor's）、桑德曼（Sandeman）等。

波特酒的上品储藏时间要求达到4～6年。实际上波特酒究竟储存多少时间比较好，是根据不同的消费者的要求而定的，有的消费者喜欢鲜红的，具有芬芳果香的波特酒，这种储存时间短的新酒，其酒龄一般为1～2年。有的消费者喜欢色泽为茶红色的，具有浓郁陈酒香味，口味柔和润口的波特酒，这种储存时间较长的酒，其酒龄多在4～6年。当然，波特酒可纯饮，也可佐餐。

三、玛德拉酒（Madeira）

玛德拉酒产于葡萄牙的玛德拉岛上，是以地名命名的酒品。该酒是用当地生产的葡萄酒与白兰地勾兑而成的一种强化葡萄酒。玛德拉酒是世界上寿命最长的葡萄酒，最长可以达到200年之久。

玛德拉酒酒精度为16°～18°，大多数属于白葡萄酒类，饮用初期需稍微烫一下，越干越好，作为饭前开胃酒饮用最佳。

四、玛萨拉酒（Marsala）

玛萨拉酒产于意大利西西里岛的玛萨拉地区。玛萨拉酒是用当地生产的白葡萄酒中加酒勾兑而成。勾兑好的酒陈酿于橡木桶4个月至5个月或更长的时间。

五、甜食酒的饮用及服务

根据酒品本身的特点和不同国家的饮用习惯，甜食酒的品种有的作为开胃酒，有的作为餐后酒。如：雪利酒的菲诺类酒，常常会用来作开胃酒，而奥罗露索类酒则用来佐甜食。

波特酒的饮用时机，根据不同国家的饮用习惯而有差异：英语国家常将其用作餐后酒饮用；法国、葡萄牙、德国以及其他国家常用其作餐前酒；一般情况下，甜食酒中的干型酒，作开胃酒；较甜熟的可作为餐后酒，以常温提供。波特酒也可作为佐餐酒。

饮用甜食酒需要使用专门的甜食酒杯，其标准用量为50毫升/杯。不同的酒品，其饮用的温度不同。作为餐前酒的甜食酒，需冰镇后饮用，如果作餐后酒饮用，可常温。另外，陈年波特酒因有沉淀，故需要进行滗酒处理。

【任务评价】

任务评估标准及其评估分值

评估指标	基本完成评估标准 评估分值60分	达到要求评估标准 评估分值40分	评估成绩100分
介绍内容50分	内容丰富，全面30分	条理清晰，有自己的见解20分	
表达25分	声音洪亮，吐字清楚15分	语音动听，语速得当10分	
表情25分	表情自然舒展15分	表情丰富，有吸引力10分	

任务3 利口酒（Liqueurs）

【任务设立】

要求学生收集资料，从酿造工艺、种类、服务方式等方面介绍一款利口酒，在课堂上进行交流。

帮助学生了解利口酒的酿造工艺，种类及名品。

要求老师将学生分组，每组介绍一款利口酒，不能雷同。

要求学生收集资料，整理资料，由每组选出代表来作介绍，教师现场指导。

利口酒又称为利乔酒，由英文Liqueurs音译而来，美国称Cordial，是拉丁文，被誉为富有魅力的"液体宝石"。它是以食用酒精和其他蒸馏酒为基酒，配置各种调香物品，并经过甜化处理（一般要加1.5%的糖蜜）的酒精饮料。具有高度或中度的酒精含量，颜色娇美，气味芬芳独特，酒味甜蜜。此酒有舒筋活血、帮助消化的作用，故法国人称为Digestifs（消化的），在餐后饮用。宴会中在餐后饮用利口酒，由侍者用精美的银盘放置很多只容量为2盎司的利口酒杯请客人取用，使宴会达到最高潮。因利口酒含糖量较高，相对密度大，色彩鲜艳，所以常用来增加鸡尾酒的颜色、香味，突出其个性，仅以数滴利口酒之量就可以使一杯鸡尾酒改变风格，利口酒更是调和彩虹酒不可缺少的材料。另外，还可用利口酒来做烹调，烘烤、制冰淇淋、布丁以及一些甜点的配料等。

一、利口酒的种类

（1）水果类　以水果为原料制成并以水果名称命名的利口酒，如樱桃白兰地等。

（2）种子类　用果实的种子制成的利口酒，如杏仁酒等。

（3）香草类　以花、草为原料制成的利口酒，如薄荷酒、茴香酒等。

（4）果皮类　以某种特殊香味的果皮制成的利口酒，如橙皮酒。

（5）乳脂类　以各种香料和乳脂调配出各种颜色的奶酒，如可可奶酒等。

二、利口酒的酿造方法

利口酒是用食用酒精加香草料和糖配制成的，所用的原料不同故而操作方式各异，归纳起来有以下几种。

（1）浸渍法　将果实、药草、木皮等浸入葡萄酒或白兰地中，使酒液从配料中充分吸收其味道和颜色，再经分离而成。

（2）滤出法　利用吸管的原理，将所用的香料全部滤到酒精里。

（3）蒸馏法　将香草、果实、种子等放入酒精中加以蒸馏即可，这种方法多用于制作透明无色的甜酒。

（4）混合法　将植物性的天然香精，糖浆或者蜂蜜等加入白兰地或者食用酒精等烈酒中混配而成。

三、利口酒的名品

（一）水果类利口酒

水果类利口酒主要是由三部分构成：水果（包括果实、果皮），糖料和酒基（食用酒精、白兰地或其他的蒸馏酒），一般采用浸渍法制作，口味新鲜、清爽，宜新鲜时饮用。著名的水果利口酒有以下几种。

1. 橙皮甜酒（Curacao）

橙皮甜酒产于荷兰的库拉索岛，以产地而命名，是由橘子皮调香浸制的利口酒。颜色多样：透明无色（图1-5-9）、绿色、蓝色（图1-5-10）等。此酒橘香悦人，清爽优雅，味微苦，适宜做餐后酒和混合酒的配酒，白兰地柯布勒（Brandy Cobbler）、旗帜（Flag）、橘子香槟（Orange Champagne）、蓝魔（Blue Devil）等混合酒均以橙皮甜酒作辅助材料配制而成的。

2．君度香橙（Cointreau）

君度香橙是由法国人阿道来在18世纪初创造的。君度酒的制作程序高度保密，主要是因为君度家族世代对这个企业的质量高度重视并且珍视，经过一个半世纪的发展，君度家族已经成为当今世界上最大的酒商之一。君度香橙酒畅销世界145个国家和地区，在当今的绝大多数酒吧、西餐厅是不可缺少的酒品，是法国人引以为荣的标志。

酿制君度酒（图1-5-11）的原料是一种不常见的青色犹如橘子的果实，这种果子果肉又苦又酸，难以入口，产于海地的毕加拉、西班牙的卡娜拉和巴西的皮拉。君度酒厂对于原料的选择是非常严格的。在海地，每年的8

图1-5-9　无色橙皮酒

图1-5-10　蓝色橙皮酒

图1-5-11　君度

图1-5-12　金万利

月至10月，青果子还未完全成熟便被摘下来，为了采摘时不损坏果实，当地农民使用一种少见的刀，在刀下系个塑料袋，当果子被砍下后便掉入袋中，然后将果子一切为二，用勺子将果肉挖出，再将只剩下皮的果子切成两半，放在阳光下晒干，经严格的挑选才能用作酿酒原料。

要尽情体会君度的魅力，莫过于加冰块饮用，酒味芳浓柔滑，轻尝浅啜，乐趣无穷。君度酒的饮用方法是：在古典杯中加3～4块小冰块，然后将一份或两份君度酒慢慢倒入杯内，待酒色渐透微黄时以柠檬皮装饰即可享受清凉甘甜的美酒。除此之外，君度香橙也是调制鸡尾酒的配料，著名的旁车（Side Car）、玛格利特（Magarita）等鸡尾酒都需要君度酒的掺配。

3．金万利（Crand Manier）

金万利（图1-5-12）产于法国的科涅克地区，是用苦桔皮浸制调配成的。酒精度在40°左右，分红、黄两种，特点是橘香突出，口味凶烈，劲大、甘甜、醇浓。

除以上三种之外，白橙味甜酒（Triple Sec）、椰子甜酒（Coconut）也是很好的水果利口酒。

（二）草本类植物利口酒

这类利口酒是由草本植物为原料配制而成的，制酒工艺颇为复杂，往往带有浓厚的神秘色彩，配方及生产程序都严格保密，名品有以下几种。

1．修道院酒（Chartreuse）

修道院酒是世界上著名的利口酒，有"利口酒女王"之誉；因其在修道院酿制并具有治疗病痛的功效，故又有灵酒之称。此酒系法国格郎多·谢托利斯（Grand Chartreuse）修道院独家制造，配方保密从不披露。经分析表明它是以葡萄酒为酒基，浸制100多种草药（包括龙胆草、虎耳草、风铃草等）再兑以蜂蜜，成酒后陈3年以上，有的长达12年之久而制成的。

修道院酒分绿色（Chartreuse Verte）和黄酒（Chartreuse Jaune）两种，一般作净饮时少量饮用，也可用来调制鸡尾酒。

2．当酒

又译泵酒或修士酒（Benedictine）。原酒简称DOM是拉丁语DEO OPTIMO MAXMO的缩写，意思是"献给至高至善的主"。此酒同样具有神秘之感，产于法国的诺曼底地区，参照教士的炼金术配制而成，酿制配方是祖传秘方。经鉴定分析，当酒是用葡萄酒为基酒，用27种草药调香（包括当归、丁香、肉豆蔻、海索草等）再掺兑蜂蜜配制而成。

当酒在世界上获得成功之后，生产者又用当酒与白兰地兑和，制出另一种产品：B＆B（Benedictine And Brandy），同样受到热烈欢迎，它们的酒精度均为43°。

3．杜林标（Drambuie）

杜林标（图1-5-13）产于英国，是一种用草药、威士忌和蜂蜜配制成的利口酒。此酒根据古代秘方制造，秘方是由查理·爱德华王子的一位法国随从在1945年带到苏格兰的，因此在该酒商标上印有"Prince Charles Edward's Liqueur"（查理·爱德华王子的利口酒）的字样。杜林标在美国十分流行，常用于餐后酒或兑水饮用。

图1-5-13　杜林标

4．加利安奴（Galliano）

加利安奴甜酒（图1-5-14）产自一个世纪以前的意大利，是以意大利英雄加利安奴将军命名的酒品。它是以食用酒精作基酒，加入了30多种香草酿造出来的金色甜酒，味道醇美，香味浓郁，盛放在高身而细长的酒瓶内。加利安奴甜酒融合了英雄与浪漫的情怀，给人带来欢乐、温暖，是调酒常用的配料。

（三）种子利口酒

种子利口酒是用植物的种子为原料制成的利口酒。一般用于酿造的种子多是含油高、香味烈的坚果种子，著名的酒品有以下几种。

图1-5-14　加利安奴

1．茴香利口酒（Anisette）

茴香利口酒（图1-5-15）起源于荷兰的阿姆斯特丹，是地中海诸国最流行的利口酒之一。制酒时，先用茴香和酒精制成香精，兑以蒸馏酒精和糖液，然后搅拌，再进行冷处理以澄清酒液。茴香酒最著名的酒厂是法国波尔多地区的玛丽莎（Marie Brizard）。

2．杏仁利口酒（Liqueursd'amandes）

杏仁利口酒以杏仁和其他果仁作酿酒原料，酒液绛红发黑，果香突出，口味甘美，以法国、意大利的产品为最好，意大利的亚马度（Amaretto）、法国的果核酒（Crème de Noyaux）等均是最著名的杏仁利口酒（图1-5-16）。

（四）利口乳酒

利口乳酒是一种比较浓稠的利口酒。用来做利口乳酒的原料可以是水果、草料也可以是植物的种子，名品有以下几种。

1. 咖啡乳酒（Crème de Cafe）

该酒是以咖啡豆为原料酿造制成的，先烘焙粉碎咖啡豆，再进行浸制、蒸馏、勾兑、加糖、澄清、过滤等步骤而成，酒精度26°左右，主要产于咖啡生产国。著名的咖啡利口酒有咖啡甜酒（Kahlua）（图1-5-17）、玛丽泰（Tia Maria）。

2. 可可乳酒（Crème de Cacao）

该酒（图1-5-18）用可可豆配制而成，主要产于西印度群岛，与咖啡乳酒的制作方法类似。

四、利口酒的饮用与服务操作

1. 利口酒多用于餐后饮用，以助消化。

2. 利口酒每份的标准用量是1盎司，用利口酒杯或雪利酒杯饮用。

3. 因利口酒的酿制原料不同，酒品的饮用温度和方法也有差异。

图1-5-15　森伯加茴香味

图1-5-16　芳津杏仁

图1-5-17　咖啡甜酒

图1-5-18　白可可酒

一般来说，水果类利口酒的饮用温度由饮者决定，基本原则是果味越浓、甜度越大、香气越烈的酒饮用温度越低，可采用溜杯、加冰块或冷藏等方法作低温处理；草本类植物利口酒宜冰镇饮用；植物种子制成的利口酒一般常温饮用，但也有例外，茴香酒常作冰镇处理，冷藏饮用的方法较适宜；另外，可可乳酒、咖啡甜酒采用在冰桶中降温后饮用的方法。

4. 利口酒的其他饮用方法

（1）兑饮法　也就是加苏打水或矿泉水。不论哪一种甜酒，喝前先将酒倒入平底杯中，数量约为杯子容量的60%，再加满苏打水即可；如觉得水分过多，可添加一些柠檬汁，以半个柠檬的量为宜，在上面可再加碎冰，鸡尾酒也可加入适量柠檬汁。

（2）碎冰法　先做碎冰，用布将冰块包起，用锤子敲碎；然后将碎冰倒入鸡尾酒杯或葡萄酒杯内；再倒入甜酒、插上吸管即可。

（3）其他　也可将利口酒加在冰淇淋或果冻上食用；做蛋糕时还可用它来代替蜂蜜使用；另外，利口酒还可以作为增加冰淇淋颜色或味道的配料。

五、常见的利口酒

1. 班尼狄克丁（图1-5-19）
2. 百利甜（图1-5-20）
3. 蛋黄酒（图1-5-21）
4. 绿薄荷酒（图1-5-22）
5. 添万利（图1-5-23）
6. 蜜瓜酒（图1-5-24）
7. 紫罗兰酒（图1-5-25）
8. 樱桃白兰地（图1-5-26）
9. 荔枝利口酒（图1-5-27）
10. 香蕉酒（图1-5-28）

图1-5-19

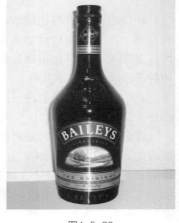

图1-5-20

图1-5-21

图1-5-22

图1-5-23

图1-5-24

图1-5-25

图1-5-26

图1-5-27

图1-5-28

任务评估标准及其评估分值

评估指标	基本完成评估标准 评估分值60分	达到要求评估标准 评估分值40分	评估成绩100分
介绍内容50分	内容丰富，全面30分	条理清晰，有自己的见解20分	
表达25分	声音洪亮，吐字清楚15分	语音动听，语速得当10分	
表情25分	表情自然舒展15分	表情丰富，有吸引力10分	

任务4 **中国配制酒**

【任务设立】

　　要求学生收集资料，从生产工艺、分类、代表名品、药效等方面介绍一款中国配制酒，在课堂上进行交流。

【任务目标】

　　帮助学生了解中国配制酒。

【任务要求】

　　要求老师将学生分组，每组介绍一款中国配制酒，不能雷同。
　　要求学生收集资料，整理资料，由每组选出代表来作介绍，教师现场指导。

【理论指导】

　　中国的配制酒有悠久的历史和优良的传统，特别是其保健功能，被历代医学家、药理家所重视，他们将临床经验著书立说，为发展我国的配制酒提供了宝贵的财富。
　　中国的配制酒是以发酵原酒（黄酒、葡萄酒、果酒或蒸馏酒）白酒或食用酒精为基酒，用浸泡、掺兑等方法加入香草、香料、果皮或中药等加工配制而成的饮料酒。

一、中国配制酒的分类

　　中国各民族的配制酒种类繁多，丰富多样。
　　1. 根据制作的原料分类

主要有用药物根块配制的，如滇西天麻酒、哀牢山区的茯苓酒、滇南三七酒、滇西北虫草酒等；有用植物果实配制的，如木瓜酒、桑葚酒、梅子酒、橄榄酒等；有以植物杆茎入酒的，如人参酒、胶股蓝酒、寄生草酒；有以动物的骨、胆、卵等入酒的，如虎骨酒、熊胆酒、鸡蛋酒、乌鸡白凤酒；有以矿物入酒的，如麦饭石酒等。

2．根据酒的功效分类

按功效分。中国各民族的配制酒有保健型配制酒和药用型配制酒两大类。其中，保健配制酒种类多，用途广，占配制酒的绝大部分。

3．根据现有的产品类型分类

根据现有的产品类型来分，主要有露酒、药酒和保健酒等。

二、中国配制酒的生产工艺

（一）蒸馏法

以蒸馏酒、发酵酒或食用酒精为酒基，以食用动植物、食品添加剂为呈香、呈味、呈色物质，按一定生产工艺加工而成，改变了其原酒基风格的饮料酒，它也具有营养丰富、品种繁多、风格各异的特点。例如：露酒的范围很广，包括花果型露酒、动植物芳香型、滋补营养酒等酒种，露酒改变了原有的酒基风格，其营养补益功能和寓"佐"于"补"的效果，非常符合现代消费者的健康需求，赢得了巨大的市场空间。

（二）浸泡法

用白酒或食用酒精等浸泡各种药材，使其含有的有益于人体的成分溶入酒中，借酒的力量，来达到治病和滋补强身的目的，例如药酒和保健酒。药酒是一种浸出制剂，古称"酒醴"。它是选用适当的中药和可供药用的食物。用白酒或黄酒浸泡后，去渣取出含有效成分的液体。用以补养体虚或治疗疾病的传统剂型。这种药饮合一的独特方式，不仅具有配制、服用简便、药性稳定、安全有效、人们乐于接受的特点，而且通过借助酒能"行药势"的功能，充分发挥其效力，提高疗效。药酒的品种繁多，但不外乎祛风湿、疗跌打损伤和补虚损三类。在使用方法上，分内服和外用两种。其中用于补益、抗衰老方面的药酒，多以内服为主。外用药酒多用于治疗跌打损伤方面。

保健酒是利用具有咸、酸、苦、甘、辛等无味的动植物，使其含有的有益于人体的成分溶入酒中，借助酒的力量，来达到滋补强身的目的。

三、中国配制酒的名品酒

（一）露酒

也称之为配制酒，是以蒸馏酒、发酵酒或食用酒精为基酒，采用芳香型植物的花、根、皮、茎等，以及具有一定治疗效用的中草药材配制而成的饮料酒。这类酒的酒精度比较高，一般在30°～50°，为使其口味甜，柔和爽口，都调入冰糖、蜂蜜等甜味剂等，糖度在25%以下，这类酒是我国具有独特风味的传统美酒。被誉为琼浆玉液。

从露酒的定义看，这是一类酒的总称，典型的露酒有桂花酒、青梅酒、竹叶青酒、五加皮酒、三鞭酒、蛤蚧酒等。由于露酒标准包括了很多产品，因此理化指标定的十分宽松，只有酒精度、滴定酸和总糖，而且范围很宽。其主要名品有以下几种。

1．山西竹叶青

中国配制酒以山西竹叶青最为著名。竹叶青产于山西省汾阳县杏花村酒厂，它以汾酒为原料，加入竹叶、当归、檀香等芳香中草药材和适量的白糖、冰糖后浸制而成。该酒色泽金黄、略带青碧，酒味微甜清香，酒性温和，适量饮用有较好的滋补作用；酒精含量为45%，含糖量为10%。

2．其他配制酒

其他配制酒种类很多，如在成品酒中加入中草药材而制成的五加皮；加入名贵药材而制成的人参酒；加入动物性原料而制成的鹿茸酒、蛇酒；加入水果而制成的杨梅酒、荔枝酒等。

（二）药酒与滋补酒（保健酒）

按最新的国家饮料酒分类体系，药酒和滋补酒属于配制酒范畴。中国的药酒和滋补酒的主要特点是在酿酒过程中或成品酒中加入了中草药，因此两者并无本质上的区别。

1．药酒

药酒主要以治疗疾病为主，根据药材的特性和对人体的作用具有调整免疫的功能，可改善微循环系统，调节神经内分泌，有促进造血、利尿、助消化、镇痛镇静等功效，有特定的医疗作用。

常见的药酒有：

（1）健胃酒　状元红葡萄酒、白玉露药酒。

（2）行气酒　佛手酒、木香酒。

（3）祛风类酒　定风酒。

（4）风湿类酒　虎杖酒、五加参酒、虎骨酒。

2．保健酒

保健酒是利用具有咸、酸、苦、甘、辛味的动植物，使其含有的有益人体的成分溶入酒中，借助酒的力量，滋补养生健体，以达到滋补强身目的的配制酒。另外，保健酒在配制时，要求既讲究功效又注重口味。常见的药酒有：至宝三鞭酒、鹿尾补酒、参茸灵酒、人参酒、墨色补酒、太岁补酒、冬虫夏草酒、中国养生酒、雪蛤补酒、蜂王浆补酒。

【任务评价】

任务评估标准及其评估分值

评估指标	基本完成评估标准 评估分值60分	达到要求评估标准 评估分值40分	评估成绩100分
介绍内容50分	内容丰富，全面30分	条理清晰，有自己的见解20分	
表达25分	声音洪亮，吐字清楚15分	语音动听，语速得当10分	
表情25分	表情自然舒展15分	表情丰富，有吸引力10分	

项目小结

本项目系统介绍了开胃酒、甜食酒、利口酒的生产工艺，种类和特点。开胃酒是餐前饮用的酒，其气味芳香，具有开胃的作用。甜食酒是一类佐助西餐甜食的酒精饮料，特点是口味较甜，常以葡萄酒为主体，加入少量的白兰地或食用酒精而制成的配制酒。利口酒适合餐后饮用，口味香甜，具有高度或中度的酒精含量，颜色娇媚，包括水果利口酒、植物利口酒、奶油利口酒、鸡蛋利口酒、薄荷利口酒。利口酒的生产工艺在欧洲各地都有独特的配方。其主要的生产方法，有浸泡法、蒸馏法和配制法等。

实验实训

模拟甜食酒的饮用与服务操作。模拟利口酒的饮用与服务操作。

思考与练习题

1. 试述配制酒的含义、种类和特点。
2. 试述配制酒的种类及名品的特点。
3. 试述雪利酒的生产工艺与储存。
4. 试述利口酒的生产工艺、饮用温度和方法。
5. 试述波特酒的生产工艺和特点。
6. 试述开胃酒的种类及特点。
7. 试述中国配制酒的名品及特点。

模块二　酒吧与调酒

P114 项目一
调酒及调酒业简述

P125 项目二
酒吧及酒吧员工简述

P142 项目三
正确使用酒吧常用器
具和设备

P152 项目四
制作鸡尾酒

P170 项目五
酒吧成本控制

P179 项目六
水果拼盘的制作

项目一
调酒及调酒业简述

■ 项目概述

　　根据现存的资料，调酒技术的雏形应该源于酒厂。如果追问国内调酒艺术的起源，最早是一些在国外酒吧或饭店打工的留学生，把这门艺术带到了国内。本来人们去酒吧里品鸡尾酒就是去放松，所以调酒师表演的多样化对客人们来说有很大影响。其实，早先在西方的酒吧里，调酒师们在调制鸡尾酒时，是伴有音乐和表演的，这样可以增加调酒表演的参与性，并且活跃现场气氛。但可能是由于观念或其他方面的原因，这些一直没有引进来。而近几年，随着我们的生活水平和文化需要越来越高，将极富表现力、观赏性和娱乐性的现代化音乐和舞蹈引进到这门艺术中也是符合时代特色的，调酒业在我国也迅速发展起来了。

■ 项目学习目标

了解调酒业的发展
了解调酒师的职业要求
掌握调酒师的工作职责

■ 项目主要内容

调酒业的发展过程
调酒师需要具备的职业要求
调酒师的主要工作职责

调酒的产生和发展

【任务设立】

要求学生对调酒的发展有全面的认识，收集资料，分析各个发展时期的特点，形成图表。

要求学生之间进行交流，资料互补，丰富内容。

【任务目标】

帮助学生提高对调酒文化的认识。

帮助学生提高总结归纳能力。

【任务要求】

要求教师告知学生收集资料的渠道和方法。

要求学生根据任务要求，广泛收集资料，形成文字资料。

【理论指导】

一、调酒的产生

在现存的有关资料中，关于调酒的起源并没有确切的说法，调酒技术的雏形应该是在酒厂里诞生的。在自然生产的条件下，就是酿造同一种酒，由于酿酒原料质量的不稳定，气候、温度等生产条件的不同，操作工人的技术差别都会影响酒的质量。所以当时酒类制造商就采用在酿酒的最后阶段将不同品质的酒液进行混合的方法，勾兑出口味比较一致，颜色、浓度、香味都符合标准的酒液。实行这一操作的师傅被认为是最早的调酒师（也称勾兑师）。

一般勾兑的做法可以是：将不同地区的酒液混合、不同品种的酒液混合、不同年份的酒液混合或将几种方法合并使用。例如干邑（Cognac）是由原产地监控命名的酒水产品，法国政府规定：只有采用干邑区的葡萄酿制的白兰地才能称为"干邑白兰地"。它是使用干邑六大区种植的葡萄为原料，按照特定的工艺来生产：蒸馏只能在铜制的小容量锅里进行蒸馏，而且要二次蒸馏。陈酿一定要在橡木桶里面。而最为重要的是"调配"也就是"勾兑"堪称是酿制干邑过程中最重要的环节。经过不同种蒸馏师的蒸馏过程并在橡木桶里不同时间的陈年之后，来自六个干邑分区的干邑都会形成不同的味道、香气和特征。至于怎样"撮合"种种不同地区、品质、年份的干邑就是调酒师的职责所在，他会挑选不同的干邑，再调配出搭配和谐、酒质均衡，能够满足嗅觉和味觉的各种佳酿。从而也就产生了干邑不同的品牌。由于很多调酒的配方和方法是保密的，勾兑出来的酒的品质也与勾兑师个人的经验技术有关，也就使勾兑师间接掌控了酒厂生产酒水的质量。因此在调酒时，勾兑师需要在比较安静的环境中操作，有的也喜欢在古典音乐里调酒，以便激发创造灵感。这种调酒是在生产环节中对酒进行的混合，而现在在酒吧中调酒是利用成品酒作为基酒，加上各种加色、加味的辅料，借助于各种方法调制而成的，所以当时的调酒师（勾兑师）同我们现在饭店酒吧中的调酒师不是同一个概念。

二、调酒的发展

美国的《韦氏词典》这样注释鸡尾酒：鸡尾酒是一种量少而冰镇的酒，以烈性酒、葡萄酒为基酒，再配以其他的辅料（如果汁、鸡蛋、苦酒、糖等）用搅拌或摇晃法调制而成的，最后饰以柠檬片或薄荷片。

1869年时美国的公司开始大规模生产、销售果汁，从而鸡尾酒有了品质稳定、货源充足的辅料保证，以后使用调酒壶和调酒杯，通过摇晃和搅拌配制鸡尾酒的技术广为流传，1879年德国人发明了人工制冰机，使冷却型鸡尾酒的消费得到保证。

在鸡尾酒的发展历史中，美国是当之无愧的世界鸡尾酒中心，现代鸡尾酒的发展与美国有着莫大的关系。现代鸡尾酒快速发展的一个重要因素是工业革命，工业的兴起使城市化进程加快，大量的人涌入城市，压力、忙碌、喧嚣、激情成为城市生活的特色，人们为了释放压力，调整心情，越来越多的人走进了酒吧，给鸡尾酒的发展创造了得天独厚的条件，现代鸡尾酒的100多年发展历史大致有四个阶段。

（一）初创期

20世纪初的前20年为现代鸡尾酒的初创期。这一时期出现了"浅饮鸡尾酒之王"——马提尼、"浅饮鸡尾酒之后"——曼哈顿等一些经典的鸡尾酒。这时候的鸡尾酒完全以烈性底酒的特色为基调，主要是供给男性作为晚餐的开胃酒来饮用，所以酒精度高，口感辛辣刺激。20世纪初的美国，没有历史和文化习惯的束缚，一切都在发展中，美国的熔炉文化加之人们的创造精神，使饮品和饮用方式都有创新，这是鸡尾酒发展的原动力。

（二）兴盛期

1919年，美国宪法第18条修正案通过了禁酒令。法律规定在美国境内禁止制造、运输和经营酒类。虽然禁酒法令的颁布是为了把酒馆和酗酒现象从美国社会根除，但数以万计的美国人因为违反禁酒法被投入监狱，搞得监狱人满为患，民怨沸腾。1933年，这场被称为"贵族实验"的禁酒运动终于结束。而禁酒法成为20世纪最糟糕的法律。而在禁酒期间出现了鸡尾酒发展戏剧化的一幕：为了应对政府来人检查，鸡尾酒中掺加的辅料更多，酒精度因此降低，连女士们也参与进来。饮用鸡尾酒蔚然成风。并通过相互交流和技艺竞争，产生了很多至今仍在饮用的鸡尾酒经典之作。

在美国，鸡尾酒的调制始终保持着领先地位，酒吧调酒师不单单只是单纯地调制一杯酒给客人而是更善于和客人打成一片，他们能够作为客人的朋友通过种种美轮美奂的鸡尾酒帮助客人改变心情释放压力。同样由于禁酒令，很多调酒师离开美国到欧洲发展，令鸡尾酒很快在欧洲传播开来，这一时期，欧洲各国还建立了酒吧调酒师协会。酒吧调酒师这一职业也逐渐被社会认可。

20世纪60年代的欧洲，英国伦敦出现了酒吧，许多年轻人开始边饮酒边欣赏爵士乐。1930年出版的《萨伯依鸡尾酒全书》被称为鸡尾酒书籍中具有里程碑意义的著作。在这样的条件下，鸡尾酒世界出现了两大潮流：一是自由奔放的美式鸡尾酒；二是文雅含蓄的英式鸡尾酒。

（三）扩张期

鸡尾酒的扩张有两个根源：一是美国出于经济和政治目的对欧亚许多国家提供的经济和军事援助，四处派军的过程使大量酒吧涌现；二是美国在第二次世界大战后迅速成为富裕国家，美国文化随着他强大的娱乐业广为流传，美式的都市文明和消费方式受到追捧，鸡尾酒成为一个代表性的部分。

（四）普及期

20世纪50年代至80年代为现代鸡尾酒的普及期，这一时期鸡尾酒成为具有文化内涵，充满艺术色彩，兼有多元化属性的世界性酒品。

1951年2月24日，国际调酒师协会（简称IBA）在英国成立。它为鸡尾酒的普及和光大做出了杰出贡献，使鸡尾酒的发展从无序变为有序，是目前调剂行业最为权威的国际组织。为弘扬鸡尾酒文化，1955年首届调酒师大赛（简称ICC）成功举办。鸡尾酒发展日益多元化，1950年前后日本鸡尾酒时代开始，1960年后，适合女性饮用的低度鸡尾酒盛行，使得女性开始乐于参加各种鸡尾酒有关的宴会、酒会和聚会，女性成为扩大鸡尾酒影响的巨大力量。1970年后受海外旅行热的影响，出现了热带鸡尾酒，1980年后鸡尾酒逐渐成为一种美化人们生活，丰富人们情感交流和交际的媒介，成为一种文化现象和时尚生活。

随着我国经济的飞速发展，人民生活水平的不断提高，酒吧调酒业作为一个新兴的行业在国内蓬勃兴起。随着它的迅速发展，大量需求调酒专业技术人才。但现有调酒师水平普遍不高，与国际相比有着相当大的差距，培养调酒师成为调酒行业的当务之急。

【任务评价】

对调酒认识交流活动的评估标准及其评估分值

评估指标	基本完成评估标准 评估分值60分	达到要求评估标准 评估分值40分	评估成绩100分
图表内容40分	图表规范12分 内容正确12分	图表设计美观8分 内容完整8分	
交流表现60分	踊跃发言12分 仪态良好12分 表达清楚、声音洪亮12分	思路清晰12分 表情丰富，具有吸引力12分	

任务2 调酒师职业

【任务设立】

要求学生全面了解调酒师的素质。
模拟完成调酒师的工作流程。

【任务目标】

帮助学生了解调酒行业，掌握调酒师必备素质。
帮助学生了解酒吧各种设备设施，熟悉调酒师工作流程。

【任务要求】

要求教师现场指导，保证实训安全有序。

要求学生根据任务要求，着工作服，分组完成调酒师工作流程。

要求学生能正确使用酒吧设备，做好各种器具的清洁和保养工作。

本任务在模拟酒吧完成时，要求模拟酒吧设备设施齐全。

【理论指导】

一、调酒师职业

一般认为调酒师是在酒吧或餐厅专门从事配制酒水、销售酒水，并让客人领略酒的文化和风情的人员。在国内，随着酒吧行业的兴盛，调酒师也逐渐成为一种热门的职业。

在国外，调酒师需要受过专门职业的培训并且领有技术执照，才能从事调酒行业，例如在美国有专门的调酒师培训学校，凡是经过专门培训的调酒师就业机会多且工资待遇高。一些国际性饭店的管理集团内部也专门设立对调酒师的考核规则和标准。

调酒师最早的国际组织是UKBG（United Kingdom Bartender Guide）英国调酒师协会，建于1933年，它以提倡高水平服务，鼓励并保持一种适合致力于快速有效地为客人服务并令客人满意的员工道德标准为宗旨。主要工作是传播酒知识、培训酒吧员、积累鸡尾酒档案。1951年2月，UKBG在英国Torpuary举办鸡尾酒调制比赛时，邀请世界各国调酒师参加并提议成立一个国际性组织以保证会员利益，参加培训和交流经验，得到当时与会正式代表来自英国、丹麦、法国、荷兰、意大利、瑞士、瑞典7个国家的一致同意，成立了国际调酒师协会（International Bartender Association，IBA），到1961年成员有17个国家，1975年开始接受女调酒师为会员，到现在已经有50多个国家、地区的会员。仍然有很多国家在积极申请成为会员。IBA每年举行年会，每3年举行国际鸡尾酒大赛。

在国内，早在1949年以前就有酒吧调酒师这一职业，但这一职业的名称为大众所知晓不过是近几年的事情，有造诣的调酒师更是"稀缺资源"。随着改革开放和我国旅游业的进一步发展，对调酒师的需求量越来越大，国家劳动和社会保障部门也进行了"调酒师职业资格等级证书认证考试"，规范了培训和考核细则，经过多年的培育和发展，目前也仅有上万人拿到了劳动和社会保障部颁发的"调酒师职业资格等级证书"。具体资格等级为：初级调酒师、中级调酒师、高级调酒师、调酒技师和调酒高级技师五个等级。

二、调酒师的素质要求

调酒是具有极强的艺术性和专业性的技能型工种，调酒师的艺术作品就是鸡尾酒。做一名调酒师的心态要平和，要能够做到对每位客人都一视同仁，热情、礼貌、彬彬有礼是调酒师所必须具备的素养。从事这一行业不仅要有丰富的酒水知识和高超的调酒技能，而且与客人的交流也很重要，这一切都要靠自己在工作中去钻研和探索。调酒师必须具备以下素质。

（一）道德素质

1. 热情友好，客人至上

这是酒吧调酒师必须遵守的行为规范，因为酒吧业的职业特点也体现了服务行业的宗旨在于服务客人。在服务过程中，应该做到热情友好、礼貌待人、平等待客、尊重客人。不能因为客人地位的高低和经济收入的多寡而差别待客，在整个服务过程中，礼貌礼节要一直得到延续和保持。为客人的方便着想，提供客人满意的服务，这不仅是高标准服务的标志，更是职业道德的试金石。

2. 清洁卫生，安全第一

安全是人的基本需求，也是客人在酒吧等消费场所要求得到的基本需求。注意饮食卫生、环境清洁，加强保卫措施，完善防盗、防火等安全设施等，都是保证客人安全所必需的。所以一定要加强教育和定期检查，防微杜渐。特别是在加工鸡尾酒等酒品的过程中，按照《食品安全法》等相关法律法规的要求去加工、制作和销售。

3．团结协作，顾全大局

团结协作、顾全大局是酒吧能够成功的一个重要保证，因为，酒吧的服务涉及方方面面，也不是调酒师个人所能做下来的，必须依靠各个工作岗位、各个环节的工作人员通力协作来完成，酒吧从业人员需要的"团队精神"来处理同事之间、岗位之间、部门之间以及局部利益与整体利益、眼前利益与长远利益等关系的行为准则。

4．爱岗敬业，遵纪守法

遵纪守法是每个公民所必须具有的素质。在这样的前提下，本着诚实待人、公平守信、合理营利的原则，守法经营，注意酒吧本身的经济效益和社会效益，不得采用色情等违法手段，引诱客人消费。同时，每个调酒师要做到爱岗敬业，认真做好每一件事、每一个环节、每一杯鸡尾酒。

5．精进业务，勇于创新

调酒业的发展，要求调酒师不断储备新知识，才能满足酒吧业市场的需要。酒吧企业也必须把调酒师的培训学习放在日程上认真抓好，提倡以集体学习和个人学习相结合，并进行灵活多样的培训，鼓励调酒师推陈出新，形成自己的特色，培养出一批酒吧调酒师骨干，从而提高从业人员的素质。

（二）形体素质

调酒师的基本素质主要包括：身材、容貌、服装、仪表、风度等。总的要求是：容貌端正，举止大方；端庄稳重，不卑不亢；态度和蔼，待人诚恳；服饰庄重，整洁挺括；打扮得体，淡妆素抹；训练有素，言行恰当。

1．基本素质三要素

（1）身材与容貌　调酒师不同于一些幕后行业，他们经常要和客人面对面交流，他们除了技术要求还要具备一定的表演才能，良好的外在形象是打开与客人对话的一扇窗口，所以身材和容貌在服务工作中有着较为重要的作用，相貌端庄大方，身材匀称是必要的条件。

（2）服饰和打扮　调酒师的服饰与穿着打扮体现着不同酒吧的独特风格和精神面貌。调酒师个人形象更是酒吧整体形象的一部分，其影响客人对整个服务过程的最初和最终印象。调酒师上岗之前的自我修饰、完善仪表做到仪表端庄，仪容整洁展现良好的精神面貌。

（3）气质与风度　气质和风度是指人的言谈、举止、表情等所构成的个人独特的风格。一个人的正确的站立姿势、雅致的步态、优美的动作、丰富的表情、甜美的笑容以及服装打扮，都会涉及气质和风度的雅俗。要使服务获得良好的效果和评价，要使自己的气质高雅、风度翩翩，调酒师的一举一动都要符合审美的要求。所以，在酒吧服务过程中，酒吧工作人员尤其是调酒师任何一个微笑的动作都会直接对宾客产生影响，因此调酒师行为举止的规范化是酒吧服务的基本要求。

对于以上三点，其具体还应该表现在：

（1）仪容

①头发梳理整洁，前发不遮眉，后发不过领，侧发不掩耳。男服务员不得留胡须；女服务员如留长发，应按照统一样式把头发盘起，不擦浓味发油，发型美观大方。

②按酒吧要求，上班不佩戴项链、手镯、戒指、耳环等饰物。

③不留长指甲，不涂指甲油，不浓妆艳抹，要淡妆上岗。

（2）着装

①着规定工装，洗涤干净，熨烫平整，纽扣要齐全扣好，不得卷起袖子。

②领带、领结、领花系端正；佩戴工号牌（戴在左胸前）。

③鞋袜整齐，穿酒店指定鞋，袜口不宜短于裤、裙脚（穿裙子时，要穿肉色丝袜）。

（3）个人卫生

①做到"四勤"，即勤洗手、洗澡；勤理发、修面；勤换洗衣服；勤修剪指甲。

② 上班前不吃生葱、生蒜等有浓烈异味的食品。

上班前要做到，检查自己的仪容仪表。但不要在餐厅有客人的地方照镜子、化妆和梳头，整理个人仪容仪表要到指定的工作间。

（4）站立服务　站立要自然大方，位置适当，姿势端正，女士小丁字步和V字步均可挺胸、拔背、立腰、头正、双目平视、面带笑容。女服务员两手交叉放在脐下，右手放在左手上，以保持随时可以服务的姿态。男服务员站立时，双脚与肩同宽，左手握右手背在腰部以下。不准双手叉在腰间、抱在胸前，站立时不背靠旁倚或前扶他物。

（5）行走　步子要轻而稳，步幅不能过大，要潇洒自然、舒展大方，眼睛要平视前方或宾客。不能与客人抢道穿行，因工作需要必须超越客人时，要礼貌致歉，遇到宾客要点头致意，并说"您早""您好"等礼貌用语。在酒店内行走，一般靠右侧（不走中间），行走时尽可能保持直线前进。遇有急事，可加快步伐，但不可慌张奔跑。

（6）手势　要做到正规、得体、适度、手掌向上。打请姿时一定要按规范要求，五指自然并拢，将手臂伸出，掌心向上。不同的请姿用不同的方式，如"请进餐厅时"用曲臂式，"指点方向时"用直臂式。在服务中表示"请"横摆式，"请客人入座"用斜式。

（7）服务时应做到"三轻"，即说话轻、走路轻、操作轻。

（8）在宾客面前不要有小动作　如不交头接耳、指手画脚，不可有抓头、瘙痒、挖耳朵等小动作，举止应该大方得体。

（9）表情

① 要面带微笑，和颜悦色，只有真诚的微笑才能打动人、感染人，使客人产生满意和愉快的感觉。

② 眼睛要正视宾客，要坦诚、不卑不亢、沉着稳重，给人以镇定感和亲切感。

2. 语言

在语言表达中调酒师尽量使用礼貌用语，学会使用尊称、问候、慰问、致敬、谦语和各类委婉语可以体现个人礼貌、风度。在酒吧中，调酒师的待客礼貌、待客语言不仅对饭店的名誉有直接影响，而且体现了调酒师本身的修养和受教育水平。

（三）专业素质

调酒师的专业素质是指调酒师的专业知识及专业技能。

1. 专业知识

作为一名调酒师必须具备一定的专业知识才能更准确、完善地服务于客人。一般来讲，调酒师应掌握的专业技能包括以下几点。

（1）酒水知识　调酒师的工作离不开酒，对酒品的掌握程度直接决定工作的开展。作为一名调酒师要掌握各种酒的产地、物理特点、口感特性、制作工艺、品名以及饮用方法，并能鉴别出酒的质量、年份等。

（2）原料储藏保管知识　了解原料的特性，以及酒吧原料的领用、储藏知识、保管知识。

（3）其他设备用具知识　要掌握酒吧其他常用设备的使用要求、操作过程及保养方法。

（4）酒具知识　掌握酒杯的种类、形状及使用要求、保管知识。

（5）营养卫生知识　了解饮料的营养结构、酒水及菜肴的搭配以及饮料操作的卫生要求。

（6）安全防火知识　掌握安全操作规程，注意灭火器的使用范围及要领，掌握安全自救的方法。

（7）酒单知识　掌握酒单的结构，所用酒水的品种、类别以及酒单上酒品的调制方法、服务标准。

（8）酒谱知识　熟练掌握酒谱上各种原料用量标准、配制方法、用杯及调制程序。

（9）酒水的定价原则和方法　根据行业标准及市场规则，合理定价，保证酒吧企业有适当的盈利，因此，必须掌握酒水的定价原则和方法。

（10）服务礼节和习俗知识　酒吧酒水服务中的礼节大多是约定俗成的习惯和各种通行惯例。调酒师要学习和掌握各种服务礼节，做到自然、礼貌待客；同时掌握主要客源国的饮食习俗、宗教信仰和习惯等。来酒吧的客人，很多是旅游观光者，调酒师对本地旅游景点、名胜古迹等人文景观要熟悉，并对主要客源国的宗教信仰要有所了解。因为一种酒代表了酒产地人民的生活习俗。不同地方的客人有不同的饮食风俗、宗教信仰和习惯等。饮什么酒，调酒时用什么辅料都要考虑清楚，以免推荐给客人的酒不合适，影响到客人的兴致，甚至冒犯客人的信仰。

（11）英语知识　要具备外语交流能力。鸡尾酒的原料是洋酒，要掌握酒吧饮料的英文名称、产地的英文名称，以及能用英文说明饮料的特点及酒吧服务常用英语、酒吧术语。因为，酒吧经常会接待外国客人，调酒师最好能用英文与客人交流。

2. 专业技能

调酒师娴熟的专业技能不仅可以节省时间，使客人增加信任感和安全感，而且是一种无声的广告。熟练的操作技能是快速服务的前提，专业技能的提高需要通过专业训练和自我锻炼来完成。

（1）设备、用具的操作使用技能　正确地使用设备和用具，掌握操作程序，不仅可以延长设备、用具的寿命，也是提高服务效率的保证。

（2）酒具的清洗操作技能　掌握酒具的冲洗、清洗、消毒的方法。

（3）装饰物制作及准备技能　掌握装饰物的切分形状、薄厚、造型等方法。

（4）调酒技能　掌握调酒的动作、姿势等方法以保证酒水的质量和口味的一致。调酒师除了调酒工作外，还应主动做好酒吧的卫生工作，如擦洗酒杯、清洁冰柜、清理工作台等。

（5）沟通技巧　善于发挥信息传递渠道的作用，进行准确、迅速的沟通。同时提高自己的口头和书面表达能力，善于与宾客沟通和交谈，能熟练处理客人的投诉。

（6）计算能力　要求调酒师具有高中以上的文化水平，有较强的经营意识和数学概念，尤其是对酒吧内部的各项工作、填写各类表格、计算价格和成本、书写工作报告等应对自如。

（7）解决问题的能力　要善于在错综复杂的矛盾中抓住主要矛盾，对紧急事件及宾客投诉有从容不迫的处理能力。

（8）调酒师要具有自我表现能力　调酒师直接与客人打交道。调酒如同艺术表演，无论调酒动作还是调酒技巧都会给客人留下深刻印象，所以应做到轻松、自然、潇洒，操作准确熟练。

（9）出色的推销能力　根据酒单上酒水的种类、特色、调制方法等，适时、适当地为客人点酒提供参考资料，以使客人能更快地选择适合其口味的酒水。

总之，调酒师只有具备专业的素质，才能给人以自信。

三、调酒师职业的工作内容

酒吧调酒师的工作任务包括：酒吧清洁、酒吧摆设、调制酒水、酒水补充、应酬客人和收尾工作等内容。小规模的酒吧一般只有一个调酒师，所以要求调酒师具备广泛的知识。能够应付客人提出的各类问题和处理各种突发事件。

（一）酒吧清洁

1. 酒吧台与工作台的清洁

酒吧台通常是大理石及硬木制成，表面光滑。由于每天客人喝酒水时倒翻或者倾泻出少量酒水，容易在光滑的表面形成块状污迹，隔了一天晚上会硬结。清洁时先用湿毛巾擦拭后，再把清洁剂喷在表面擦抹，至污迹完全消失为止。清洁后要在酒吧表面喷上蜡光剂以保护台面光滑，若工作台是不锈钢材料，表面可直接用清洁剂或者肥皂粉擦洗，清洁后用干毛巾擦干即可。

2. 冰箱清洁

冰箱内常由于堆放罐装饮料和食物使底部形成油腻和尘积块，网隔层也会由于果汁和食物的翻倒沾上点状或者是片状痕迹。大约3天必须对冰箱彻底清洁一次。从底部壁到网隔层。先用湿布和清洁剂擦洗干净，再用清水抹干净。

3．地面清洁

酒吧柜台内地面多用大理石、瓷砖或者木地板铺砌。每日要多次用拖把擦洗地面，使之保持清洁。

4．酒瓶与罐装饮料表面清洁

瓶装酒在散卖或者调酒时，瓶上残留下的酒液会使酒瓶变得黏滑，特别是餐后甜酒，由于酒中含糖比较多，残留酒液会在瓶口结成硬颗粒状；瓶装或者罐装的汽水啤酒饮料则由于长途运输仓储而表面积满灰尘。要每日用湿毛巾将瓶装酒及罐装饮料的表面擦干净以符合食品卫生标准。

5．酒杯、工具清洁

酒杯与工具的清洁与消毒要按照规程处理，即使没有使用过的酒杯每天也要重新消毒。

6．公共区域清洁

小的酒吧柜台外的地方调酒师可以每日按照餐厅的清洁方法去做，而一般的酒吧都是由公共区域清洁员和服务员做。

7．个人卫生与仪表

调酒师在工作开始前必须仔细检查个人仪表是否符合要求，刮净胡须，头发梳理整齐，洗过澡，着装整洁。在饭店的酒吧中，工作人员最好穿着白衬衣，系黑领带或领结，着西式长裤或统一的制服。制服设计各饭店可能会有所不同，但都必须洗净烫平。

（二）酒吧摆设

酒吧摆设主要是瓶装酒的摆设和酒杯的摆设，摆设要有几个原则。

第一，要美观大方有吸引力。酒吧的气氛和吸引力往往集中在瓶装酒和酒杯的摆设上，要方便工作也要显示专业性。

第二，酒要分类摆放。瓶装酒的摆设一定要分类摆，如开胃酒、烈酒、餐后甜酒分开。价钱贵的酒与价钱便宜的要分开摆放，而且摆放时瓶与瓶之间要有间隙，可放进合适的酒杯以增加气氛。经常用的"饭店专用"散卖酒与陈列酒要分开，散卖酒要放在工作台前伸手可及的地方以方便工作；不常用的酒放在酒架的高处，以减少取酒的麻烦。

第三，酒杯也要分类摆放。酒杯可以分悬挂和摆放两种，悬挂的酒杯主要是装饰酒吧气氛，一般不使用，因为拿取不方便，必要时，取下后要擦净再使用；摆放在工作台的位置的酒杯要方便操作，加冰块的杯子放在冰桶附近，不加冰块的酒杯放在其他空位，啤酒杯、鸡尾酒杯可放在冰柜冷冻。

（三）调制酒水

1．调酒准备

（1）准备冰块　用桶从制冰机中取出冰块放进工作台上的冰块池中，把冰块放满；没有冰块池的可用保温冰桶装满冰块盖上盖子放在工作台上。

（2）准备配料　例如李派林喼汁（Lea & Perrins Sauce）、辣椒油、胡椒粉。盐、糖、豆蔻粉等放在工作台前，以备调制时取用；鲜牛奶、淡奶、菠萝汁、番茄汁等打开铁罐装入玻璃容器中存入冰箱备用，以防铁罐打开后内壁生锈引起果料变质；橙汁、柠檬汁要先稀释后倒入瓶中存放在冰箱里备用；其他调酒用的汽水也要放在伸手可及的方便位置。

（3）准备水果装饰物　橙角预先切好与樱桃串在一起排放在碟子里封上保鲜纸备用。从瓶中取出少量咸橄榄放在杯子里备用；红樱桃取出，清水冲洗后放入杯中备用，柠檬片、柠檬角也要切好排放在碟子里用保鲜纸封好备用，以上几种装饰物都放在工作台上。

（4）准备酒杯　把酒杯拿至清洗间消毒后按需求放好。工具用餐巾垫底排放在工作台上，量杯、酒吧匙、冰夹要浸泡在干净水中。杯垫、吸管、调酒棒和鸡尾酒签放入盘中后也放在工作台前。

（5）更换棉织品　酒吧使用的棉织品有两种：餐巾和毛巾。毛巾是用来清洁工作台的，要沾水用；餐巾（镜布、口布）主要用于擦杯，要干用，不能弄湿。棉织品都必须使用一次清洗一次。每日要将脏的棉织品送到洗衣房更换干净的。

（6）设备检查　营业前的准备工作也要做好。各类电器如灯光、空调、音响，各类设备如冰箱、制冰机、咖啡机等，所有的家具、酒吧台、椅等有无损坏，如有不符合标准的，要马上填写工程维修单交酒吧经理签名后送工程部。由其派人维修。

（7）准备单据表格　检查所需要使用的单据表格是否齐全够用。特别是酒水供应单与调拨单一定要准备好，以免影响营业。

2．调制酒水

根据客人的要求调制酒水；掌握各种规范的调酒方法和装饰技巧等；能够介绍各种鸡尾酒的特色并加以推销。

（四）酒水补充

1．申领酒水等

（1）领酒水　每天将酒吧所需的酒按照酒吧存货标准数量填写酒水领货单，送酒吧经理签字，拿到仓库交保管员取酒发货。此项工作要特别注意在领酒水时清点数量以及核对名称，以免造成误差。领货后要在领货单上收货人一栏签字以便记录核对。其他食品如水果、果汁、牛奶、香料等的领货程序大致与酒水相同。

（2）领酒杯和瓷器　酒杯和瓷器是易损物品，领用和补充是日常要做的工作。需要领用酒杯和瓷器时，要按照规格填写领货单，再拿到仓库保管员那里取货。领回酒吧后要先清洗消毒才能使用。

（3）领百货　百货包括各种表格如酒水供应单、领货单、调拨单、笔、记录本、棉织品等用品。一般每个星期领用一到两次。领用百货时需填好百货领料单交酒吧经理和成本会计签字后才能拿到仓库交保管员取货。

2．补充酒水

将领回来的酒水分类堆好，需要冷藏的如啤酒、果汁等放进冷柜内，酒水使用要遵循先进先出的原则，即先领用的酒水先销售使用，先存放进冷柜中的酒水先卖给客人，以免因酒水存放过期造成浪费，特别是果汁及水果食品更是如此。

（五）应酬客人

主要有接听电话要礼貌，欢迎客人要热情，酒水供应要及时，服务中勤快并且注意细节，与客人能有良好的互动。

（六）收尾工作

营业结束后，由调酒师进行酒吧的收尾工作，包括食品酒水的盘点、储存，工作台的整理和清洁等。

【任务评价】

调酒师工作流程模拟的评估标准及其评估分值

评估指标	基本完成评估标准 评估分值60分	达到要求评估标准 评估分值40分	评估成绩100分
仪容仪表30分	面容干净，发型符合要求10分 工作服干净整洁8分	面带微笑6分 动作优雅6分	
工作态度30分	工作积极9分 工作细致9分	有团队合作精神，能互帮互助12分	

评估指标	基本完成评估标准 评估分值60分	达到要求评估标准 评估分值40分	评估成绩100分
工作流程40分	按规范流程完成各阶段工作12分 操作过程中没有用具损坏12分	对客人服务热情主动8分 各种酒水服务模式正确8分	

项目小结

本项目系统介绍了调酒行业发展的历程，以及调酒师应该具备的职业道德。重点让学生了解调酒师的主要工作职责。

实验实训

组织学生到酒店或者酒吧与调酒师或者是酒吧工作者交流谈工作体会。

思考与练习题

1. 调酒行业发展的过程。

2. 调酒师应该具备的职业能力有哪些？

3. 酒吧调酒师的主要工作职责有哪些？

项目二
酒吧及酒吧
员工简述

■ **项目概述**

　　"酒吧"一词据说来自于英文的"Bar"，原意是指一种出售酒的长条柜台，最初出现在路边小店、小客栈、小餐馆中，即在为客人提供基本的食物及住宿外，也提供使客人兴奋的额外休闲消费。随后，由于酒文化及酿酒业的发展和人们消费水平不断提高，这种"Bar"便从客栈、餐馆中分离出来，成为专门销售酒水、供人休闲的地方，它可以附属经营，也可以独立经营。

　　现代的酒吧不但场所扩大，而且提供的产品也在不断增加，除酒品外，还有其他多种无酒精饮料，同时也增加了各种娱乐项目。很多人在茶余饭后都很热衷于去酒吧消磨时光，其目的或是为消除一天的疲劳、或增进友情、或增加兴致。酒吧业也越来越受到人们的欢迎，成为经久不衰的服务性行业。

■ **项目学习目标**

了解酒吧的类型
了解酒吧各岗位员工的岗位职责
掌握酒吧工作流程及服务标准

■ **项目主要内容**

酒吧的介绍
酒吧各岗位员工的岗位职责介绍
酒吧工作流程及服务标准

任务 1 酒吧概述

【任务设立】

要求学生全面了解酒吧的性质、分类及服务形式。

要求学生收集资料，了解国内外著名酒吧，分组参观当地代表性的酒吧，按要求整理观后感，互相交流。

【任务目标】

帮助学生了解国内外酒吧分类及特点。

通过实地参观，让学生身临其境，感受酒吧氛围。

【任务要求】

要求教师帮助联系当地几家酒吧，保证外出参观安全有序。

将学生分组，参观不同的酒吧。

参观结束后，每组归纳总结所参观酒吧的特色，与其他组进行交流。

【理论指导】

一、酒吧的概念

从现代的酒吧企业经营的角度来看，酒吧的概念应为：提供酒品及服务，以利润为目的，做有计划经营的一种经济实体。

首先，酒吧所提供的不单是饮品，更重要的是服务，包括环境服务及人际服务。环境服务即是要使酒吧的环境给客人一种兴奋、愉悦的感受，使客人身在其中，受其感染，并达到放松、享受的目的。人际服务是指通过服务员对客人所提供的服务而形成客人与服务人员之间一种和谐、轻松、亲切的关系。服务人员应把握客人的心理脉搏，做到"恰到好处"地为客人提供服务，让客人从内心感到自然、舒适或者是一种独特的精神体验。

其次，酒吧经营以利润为目的，这就要求经营者从管理中求效益，把握投入与产出的关系。在追求利润的同时，还应注意酒吧的形象和国家相关规定，把握好长远利益与眼前利益的关系。

再次，酒吧作为一种企业的经营必须要有计划性。管理者应做到心中有数，事先做好调查和预测，才能适应市场竞争环境。

在我国，近几年酒吧已被更多的老百姓所认识和接受。它已经不再是那么的神秘和高不可攀，很多的老百姓已经不仅能接受它的口味，甚至可以自己制作几款鸡尾酒。并且酒吧的硬件也正朝着功能齐全，样式多变的方向健康发展。如今酒吧的设备更加先进、功能更加齐全、装修更加个性化、人员的服务也都更加专业化，调酒师在个人素质、业务水平、服务意识等方面都有了很大的提高。

二、酒吧的分类

（一）根据服务内容分类

1. 纯饮品酒吧

此类酒吧主要提供各类饮品，也有一些佐酒小吃，如果脯、杏仁、腰果、果仁、花生等坚果类食品，一般的娱乐中心酒吧以及机场、码头、车站等酒吧属此类。

2. 供应食品的酒吧

此类酒吧还可进一步细分为：

（1）餐厅酒吧　绝大多数中餐厅，酒水是食物经营的辅助品，仅作为吸引客人消费的一个手段，所以酒水利润相对于单纯的酒吧类型要低，品种也较少，但目前高级餐厅中，其品种及服务有增强趋势。

（2）小吃型酒吧　一般来讲，含有食品供应的酒吧其吸引力相对要大一些，客人消费的也会多些，小吃的品种往往是独特风味及易于制作的食品，如三明治、汉堡、炸肉排等或地方小吃如鸭舌、凤爪，在这种以酒水为主的酒吧中，小吃的售价高些客人也会消费。

（3）夜宵式酒吧　往往是高档餐厅夜间经营场所。入夜后，餐厅将环境布置成类似酒吧型，有酒吧特有的灯光及音响设备，产品上，酒水与食品并重，客人可单纯享用夜宵或其特色小吃，也可单纯用饮品，环境与经营方式对某些客人也具有相当吸引力。

3. 娱乐型酒吧

这种酒吧环境布置及服务主要为了满足寻求刺激、兴奋、发泄的客人，所以这种酒吧往往会设有乐队、舞池、卡拉OK、时装表演等，有的甚至以娱乐为主酒吧为辅，所以酒吧台在总体设计中所占空间较小，舞池较大。此类吧气氛活泼热烈，大多青年人较喜欢这类刺激豪放类酒吧。

4. 休闲型酒吧

此类酒吧通常称之为茶座，是客人放松精神、怡情养性的休闲场所。主要为满足寻求放松、谈话、约会的客人，所以座位会很舒适，灯光柔和，音响音量较小，环境温馨优雅，除其他饮品外供应的饮料以软饮为主，咖啡是其所售饮品中的一个大项。

5. 俱乐部、沙龙型酒吧

由具有相同兴趣爱好，职业背景，社会背景的人群组成的松散型社会团体，在某一特定酒吧定期聚会，谈论共同感兴趣的话题、交换意见及看法，同时有饮品供应，比如在城市中可看到的"企业家俱乐部""股票沙龙""艺术家俱乐部""单身俱乐部"等。

（二）根据经营形式分类

1. 附属经营酒吧

（1）娱乐中心酒吧　附属于某一大型娱乐中心，客人在娱乐之余为增兴，往往会到酒吧饮一杯酒，此类酒吧往往提供酒精含量低及不含酒精的饮品，属增兴服务场所。

（2）购物中心酒吧　大型购物中心或商场也常设有酒吧。此类酒吧大多为人们购物休息及欣赏其所购置物品而设，主营不含酒精饮料。

（3）饭店酒吧　为旅游住店客人特设，也接纳当地客人，虽然现已有许多酒吧独立于饭店存在，但饭店中的酒吧仍是随饭店的发展而发展的，且饭店中的酒吧往往有可能是某一地区或城市中最好的酒吧，饭店中酒吧设施、商品、服务项目也较全面，客房中可有小酒吧，大厅有鸡尾酒廊，同时还可根据客人需求设歌舞厅等结合饭店特点及客人不同喜好的各种服务。

2. 独立经营酒吧

相对前面所介绍的几类而言，此类酒吧无明显附属关系，单独设立，经营品种较全面，服务设施等较好，间或有其他娱乐项目，交通方便，常吸引大量客人。

（1）市中心酒吧　顾名思义地点在市中心，一般其设施和服务趋于全面，常年营业，客人逗留时间较长，消费也较多。因在市中心此类酒吧竞争压力很大。

（2）交通终点酒吧　设在机场、火车站、港口等旅客中转地，纯是旅客消磨等候时间、休息放松的酒吧。此种消费客人一般逗留时间较短，消费量较少，但周转率很高。一般此类酒吧品种较少，服务设施比较简单。

（3）旅游地酒吧　设在海滨、森林、温泉、湖畔等风景旅游地，供游人在玩乐之后放松，一般都有舞池、卡拉OK等娱乐设施，但所经营的饮料品种较少。

（4）客房小酒吧　此类酒吧在酒店客房内，客人自行在房内随意饮用各类酒水或饮料，现已普及各大高级宾馆。

（三）根据服务方式分类

1. 立式酒吧

立式酒吧是传统意义上的典型酒吧，即客人不需服务人员服务，一般自己直接到吧台上喝饮料。"立式"并非指宾客必须站立饮酒，也不是指调酒师或服务员站立服务，它只是一种传统习惯称呼。在这种酒吧里，有相当一部分客人是坐在吧台前的高脚椅上饮酒，而调酒师则站在吧台里边，面对宾客进行操作。因调酒师始终处在与宾客直接接触中，所以也要求调酒师始终保持整洁的仪表、谦和有礼的态度，当然还必须掌握熟练的调酒技术来吸引客人。传统意义上立式酒吧的调酒师，一般都单独工作，因为不仅要负责酒类及饮料的调制也负责收款工作，同时必须掌握整个酒吧的营业情况，所以立式酒吧也是以调酒师为中心的酒吧。

2. 服务酒吧

服务酒吧多见于娱乐型酒吧、休闲型酒吧和餐饮酒吧，是指宾客不直接在吧台上享用饮料，而通常是通过服务员开单并提供饮料服务。调酒师在一般情况下不和客人接触。服务酒吧为餐厅就餐宾客服务，因而佐餐酒的销售量比其他类型酒要大得多。不同类型服务酒吧供应的饮料略有差别，销售区别较大，同时服务酒吧布局一般为直线封闭型，区别于立式酒吧，调酒师必须与服务员合作，按开出的酒单配酒及提供各种酒类饮料，由服务员收款，所以它是以服务员为中心的酒吧。此种酒吧与其他类型酒吧相比，对调酒师的技术要求相对较低，因此服务酒吧通常是一名调酒师的工作起点。

（1）鸡尾酒廊　较大型的酒店中都有鸡尾酒廊这一设施。鸡尾酒廊通常设于酒店门厅附近，或是门厅的延伸或利用门厅周围空间，一般设有墙壁将其与门厅隔断。鸡尾酒廊一般比立式酒宽敞，常有钢琴、竖琴或者小乐队为宾客演奏，有的还有小舞池，以供宾客随兴起舞。鸡尾酒廊还设有高级的桌椅、沙发，环境较立式酒吧优雅舒适，气氛较立式酒吧安静，节奏也较缓慢，宾客一般多逗留较长时间。鸡尾酒廊的营业过程与服务酒吧大致相同，即由酒廊招待员为宾客开票送酒，如果酒廊规模不大，由招待员自行负责收款。但在较大的鸡尾酒廊中，一般多设有专门收款员，并有专门收拾酒杯、桌椅并负责原料补充的服务人员。

（2）宴会、冷餐会、酒会等提供饮料服务的酒吧　它是酒店、餐馆为宴会业务专门设立的酒吧设施，其吧台可以是活动结构既能够随时拆卸移动，也可以是永久地固定安装在宴会场所。客人多站立，不提供座位，其服务方式既可统一付款，也可客人为自己所喝的饮料单独付款。宴会酒吧的业务特点是营业时间较短，宾客集中，营业量大，服务速度相对要求快，基本要求是酒吧服务员每小时能服务一百人次左右的宾客，因而服务员必须头脑清醒，工作有条理具有应付大批宾客的能力。由于宴会酒吧的特点，服务员事前必须做好充分的准备工作，各种酒类、原料、配料、酒杯、冰块、工具等必须有充足准备，以免影响服务水准。

（四）其他一些酒吧形式

1. 外卖酒吧（Catering Bar）

是根据客人要求在某一地点，例如大使馆、公寓、风景区等临时设置的酒吧，外卖酒吧隶属于宴会酒吧范畴。

2. 多功能酒吧（Grand Bar）

多功能酒吧大多设置于综合娱乐场所，它不仅能为午、晚餐的用餐客人提供用餐酒水服务，还能为赏乐、蹦迪（Disco）、练歌（卡拉OK）、健身等不同需求的客人提供种类齐备、风格迥异的酒水及服务。这一类酒吧综合了主酒吧、酒廊、服务酒吧的基本特点和服务职能。有良好的英语基础，技术水平高超，能比较全面地了解娱乐方面的有关知识，是考核调酒师能否胜任的三项基本条件。

3. 主题酒吧（Saloon）

现实比较流行的"氧吧"（Oxygen Bar）"网吧"（Internet Bar）等均称为主题酒吧。这类酒吧的明显特点即突出主题，来此消费的客人大部分也是来享受酒吧提供的特色服务，而酒水却往往排在次要的位置。

【任务评价】

参观酒吧观后感分享活动的评估标准及其评估分值

评估指标	基本完成评估标准 评估分值60分	达到要求评估标准 评估分值40分	评估成绩100分
参观表现30分	遵守参观时间9分 文明礼貌9分	纪律良好6分 善于提问6分	
观后感文字资料30分	资料内容丰富9分 文字资料美观9分	文字资料条理性清晰6分 文字资料观点鲜明6分	
交流表现40分	踊跃发言6分 仪态良好9分 表达清楚、声音洪亮9分	思路清晰8分 表情丰富，具有吸引力8分	

任务2 酒吧员工的岗位职责

【任务设立】

要求学生全面、正确了解酒吧各岗位工作职责，假定你是一名酒吧经理，完成一篇1000字左右的培训计划。

要求计划写作结构合理，内容完整，可操作性强。

要求通过计划的写作训练，更加熟悉酒吧经理应具备的素质和岗位职责。

【任务目标】

提高学生的写作能力。

帮助学生更全面地了解酒吧经理应备素质和岗位职责。

培训计划的内容主要包括：新进员工的上岗培训、在岗员工的提升培训。

【任务要求】

计划属于事务类应用文写作，要求教师进行指导，保证计划写作格式规范。

要求学生在充分了解酒吧各岗位工作职责的基础上完成这篇培训计划，计划具有实际指导意义。

【理论指导】

一、酒吧经理的岗位职责

（1）制订酒吧的经营目标与计划。所有的经营方式细节，都以盈利为最终目标。

（2）参与制订所有的餐牌、酒水牌，最后决定所有的餐牌和酒水牌。

（3）参与制订和决定所有的推广酒水和菜牌，以及安排一切的推广活动。

（4）负责酒吧的人手配置，安排招聘工作。

（5）制定酒吧的工作纪律和规章制度。

（6）保证酒吧处于良好的工作状态和营业状态，协调厨房的出品和酒吧的工作。

（7）保证厨房正常供应食物，酒吧正常供应酒水。

（8）根据需要调动、安排管理人员工作。

（9）督促下属员工努力工作，鼓励员工积极学习业务知识，求取上进。

（10）制订培训计划，安排培训内容，培训员工业务知识。

（11）根据员工工作表现做好评估工作，提升优秀员工，并且执行各项规章和纪律。

（12）检查各部分每天的工作情况。

（13）控制酒水成本和食物成本，防止浪费，减少损耗，严防失窃，开源节流。

（14）处理客人投诉，调解员工纠纷。

（15）制定各类酒水、食品清单以及出品单据，以便检查出品与库存的情况。

（16）制定各类的员工表格，以便检查和记录员工的出勤和工作表现。

（17）熟悉厨房和酒吧的正常运作和食物以及酒水的出品，服务程序与价格。

（18）制定各项食物和酒水的配方和销售标准。

（19）定出各类食物和酒水的出品餐具和用具。

（20）解决员工的各种实际问题，例如：制服、加班就餐、业余活动等。

（21）是老板与下级之间沟通的桥梁。向下传达公司的方针意图，向上反映营业情况和员工情况。

（22）完成每月的营业定额、工作报告。

（23）监督完成每月的食物、酒水、用具的盘点工作。

（24）审核、签批酒水领货和食品领货单、工程维修和调拨单。

二、副总经理职责范围

（1）协助总经理制订酒吧的经营目标与计划。所有的经营方式细节，都以营利为最终目标。

（2）参与制订所有的餐牌、酒水牌，向总经理给予参考意见。

（3）参与和协助制订所有的推广酒水和菜牌，以及安排一切的推广活动。

（4）负责酒吧的人手配置，进行招聘工作。

（5）协助制定酒吧的工作纪律和规章制度。

（6）保证酒吧处于良好的工作状态和营业状态，协调厨房的出品和酒吧的工作。

（7）保证厨房正常供应食物，酒吧正常供应酒水。

（8）根据需要调动、安排员工工作。

（9）督促下属员工努力工作。

（10）协助总经理制订培训计划，培训员工业务知识。

（11）根据员工工作表现做好评估工作，并且执行各项规章和纪律。

（12）检查各部分每天的工作情况。

（13）控制酒水成本和食物成本，防止浪费，减少损耗，严防失窃，开源节流。

（14）处理客人投诉，调解员工纠纷。

（15）检查各类酒水、食品清单以及出品单据，以便随时检查出品与库存的情况，督促定期补充货品。

（16）检查各类的员工表格，以便清楚了解和记录员工的出勤和工作表现。

（17）熟悉厨房和酒吧的正常运作和食物以及酒水的出品，服务程序与价格。

（18）熟悉和检查食物和酒水的配方和销售标准。

（19）熟悉和跟进各类食物和酒水的出品餐具和用具。

（20）安排解决员工的各种实际问题，例如：制服、加班就餐、调班等。

（21）上传下达与上司、下级之间的联系。

（22）完成每月的营业定额、工作报告。

（23）监督完成每月的食物、酒水、用具的盘点工作。

（24）总经理缺席时代替总经理行使其各项职责。

三、酒吧主管的岗位职责

（1）具有国家规定的技术等级证书或上岗证明。

（2）保证酒吧处于良好的工作状态。

（3）正常供应各类酒水，做好销售记录。

（4）督导下属员工的工作。

（5）负责各种酒水的服务，熟悉各类酒水的服务程序和酒水的价格。

（6）根据配方鉴定混合饮料的味道，熟悉其分量，能够指导和监督下属员工按标准出品。

（7）根据销售需要保持酒吧酒水的存货。

（8）负责各类宴会的酒水准备和各项准备工作。

（9）管理和检查酒水销售时的开单、结账工作。

（10）控制酒水的损耗，减少浪费，防止失窃。

（11）根据客人要求重新配制酒水。

（12）指导下属员工做好各种准备工作。

（13）检查每日酒水报表，进、销、存情况要清晰，并有必要进行实数的检查。

（14）检查员工的到岗情况，防止空岗现象出现。

（15）分派员工工作。

（16）检查仓库酒水存货状况。

（17）向上司提供合理化建议。

（18）处理客人投诉、调解员工纠纷。

（19）培训下属员工，根据员工表现做出鉴定。

（20）自己处理不了的事情及时转报上司。

四、酒吧领班的岗位职责

（1）在酒吧经理和主管的指导下，负责酒吧的日常运转工作。

（2）贯彻落实已定的酒水控制政策与程序，确保各酒吧的服务水准。

（3）与客人保持良好关系，协助营业推销。

（4）负责酒水盘点和酒吧物品的管理工作。

（5）确保酒吧内清洁卫生。

（6）定期为员工进行业务培训。

（7）完成上级布置的其他任务。

五、酒吧调酒师的岗位职责

（1）有国家规定的技术等级证书或上岗证明。

（2）保证酒吧处于良好的工作状态。

（3）正常供应各类酒水，做好销售记录。

（4）负责各种酒水的服务，熟悉各类酒水的服务程序和酒水的价格。

（5）根据配方鉴定混合饮料的味道，熟悉其分量，能够按标准出品。

（6）根据销售需要写货单和领用货。

（7）负责各类宴会酒水的各项准备工作。

（8）认真查看出品酒水的单据，避免出错。凡退单要严格按公司规定执行。

（9）控制酒水的损耗，减少浪费，防止失窃。

（10）根据客人要求配制酒水单中没有的鸡尾酒，满足客人要求。

（11）每天做好开吧工作。

（12）认真做好每日酒水报表，进、销、存情况要清晰。

（13）坚守岗位，避免空岗。

（14）参加各种酒水知识的培训和各类业务培训，熟悉业务知识。

（15）自己处理不了的事情及时转报上司。直接报告的上司是酒吧主管。

六、酒吧服务员的岗位职责

（1）认真完成上级分配的任务，做到宾客至上。

（2）具体执行上司的工作分配，按规范操作。

（3）具体服务所有客人，例如：开茶、清台、上酒水等。

（4）除上级有其他工作分配外，要坚守工作岗位。

（5）留意自己和工作岗位的清洁卫生。

（6）做好仪容、仪表的整洁，讲究个人卫生。

（7）认真做好开台前的准备和收尾工作。

（8）细心观察客人的情况，及时提供需求服务。

（9）积极参加培训，不断提高业务水平。

（10）服从上级的工作安排、调动，凡事先服从后上诉。

（11）清楚每天的特别介绍、估清单（收牌）。

（12）对食物及饮食有深切了解，遵照经营方针工作，按照规定的服务工作程序做好服务工作。

（13）盛情款待及注意观察客人的需要，要求随时保持酒楼台椅的整洁、整齐、准确无误地将食物或饮品送到客人台上。

（14）遇到客人投诉时，应立即报告上级处理。

（15）客人离去后，尽快清理现场，重新摆设餐台，继续做生意。

（16）按实际需要，做好餐前准备工作，预备酱汁及补充工作台的餐厅器皿及其他用具。

（17）擦亮餐具并经常保持餐厅环境及各项用具的整洁，使其符合卫生标准。按酒楼定下的操作程序及规则，做好各项开市工作。

（18）分工不分家，与各级同事充分协作，为客人提供良好的服务，又快又好地完成接待任务。

（19）热心指导新入职的服务员。

（20）以主动、热情、礼貌、耐心、周到、微笑去接待每一位客人。

（21）席间服务时注意添加酒水，更换餐具、烟灰缸，主动为客人点烟，跟菜，客人结账时将点菜单交给领班或主管。

（22）上班时集中精神，控制情绪，保持良好心态服务客人；不可几人聚在一起闲谈从而影响工作及形象。

（23）遵守酒吧制定的各项规章制度，完成上级指派的其他工作。

七、酒吧实习生的岗位职责

（1）每天按照提货单到食品仓库提货、取冰块、更换棉织品、补充器具。

（2）清理酒吧的设施（冰柜、制冰机、工作台），清洗盘、冰车和酒吧的工具（搅拌机、量杯等）。

（3）经常清洁酒吧内的地板及所有用具。

（4）做好营业前的准备工作，例如：兑橙汁、将冰块装到冰盒里、切好柠檬片和橙角等。

（5）协助调酒师放好陈列的酒水。

（6）根据酒吧领班和调酒师的要求补充酒水。

（7）用干净的烟灰缸换下用过的烟灰缸并清洗干净。

（8）补充酒杯，工作空闲时用干布擦亮酒杯。

（9）补充应冷冻的酒水到冰柜中，如啤酒、白葡萄酒、香槟。

（10）保持酒吧的整洁、干净。

（11）清理垃圾并将客人用过的杯、碟送到清洗间。

（12）帮助调酒师清点存货。

（13）熟悉各类酒水、各种杯子特点及酒水价格。

（14）酒水入仓时，用干布或湿布抹干净所有的瓶子。

（15）摆好货架上的瓶装酒，并分类存放整齐。

（16）在酒吧领班或调酒师的指导下制作一些简单的饮品或鸡尾酒。

（17）在营业繁忙时，帮助调酒师招呼客人。

【任务评价】

培训计划书的评估标准及其评估分值

评估指标	基本完成评估标准 评估分值60分	达到要求评估标准 评估分值40分	评估成绩100分
计划格式30分	格式标准18分	书写认真6分 字迹美观6分	
计划内容50分	内容完整15分 内容丰富15分	条理性清晰10分 有创意10分	
计划可行性20分	能够指导实际培训12分	能够达到良好的培训效果8分	

酒吧服务程序和标准

【任务设立】

要求学生熟悉酒吧工作程序和服务标准，课堂模拟操作过程。

要求学生在教师的指导下，分别模拟接听电话、引领入座、示酒、开瓶、斟酒等操作过程。

【任务目标】

帮助学生提高动手能力。

帮助学生掌握正确的酒吧服务模式和标准。

【任务要求】

要求教师现场指导学生实践。

要求模拟酒吧提供酒水、开瓶器、座位等。

将学生分成几组，每组抽取一项进行模拟。

课下组与组交流，知识互补。

【理论指导】

一、酒吧的工作程序

酒吧的工作程序主要包括营业前的工作程序、营业中的工作程序、营业后的工作程序三方面。

（一）营业前的工作程序

营业前的工作程序俗称"开吧"。主要有酒吧内清洁工作、领货、酒水补充、酒吧摆设和调酒准备工作等。

1．酒吧清洁工作

2．领货工作

3．酒水记录

酒吧为了便于进行成本检查以及杜绝失窃现象，需要设立一本《酒水记录簿》，也被叫作"Bar book"。上边清楚地记录酒吧每日的存货、领用酒水、售出数量、结存的具体数字。酒水记录便于调酒师掌握酒吧各种酒水的数量。当班的调酒师要准确地清点数目，记录在案，以便上级检查。

4．酒吧摆设

5．调酒准备

（二）营业中的工作程序

营业中工作程序包括酒水供应与结账程序、酒水调拨程序、调酒操作服务、待客服务等，英文称为"operation & service"。

1．酒水供应程序

客人点酒水→调酒师或服务员开单→收款员立账→调酒员配制酒水→供应酒品。

（1）客人点酒水　此时，调酒员要耐心细致，有些客人会询问酒水品种的质量、产地和鸡尾酒的配方内容，调酒员要简单明了地介绍。有些无主见的客人请调酒员介绍品种，调酒员介绍时须先询问客人所喜欢的口味，再介绍品种。如果一张台有若干客人，务必对每一个客人点的酒水做出记号，以便正确地将客人点的酒水送上。

（2）调酒师或服务员开单　调酒师或服务员在填写酒水供应单时要重复客人所点的酒水名称、数目，避免出差错。酒吧中有时会由于客人讲话的发音不清楚或调酒员精神不集中听错而制错饮品。所以特别注意听清楚客人的要求，酒水供应单一式三联，填写时要清楚地写上日期、经手人、酒水品种、数量、客人的特征或位置及客人所提的特别要求，填好后交收款员。

（3）收款员拿到供应单后须马上立账单，将第一联供应单与账单订在一起，第二联盖章后交还调酒师（当日收吧后送交成本会计），第三联由调酒师自己保存备查。

（4）调酒师凭经过收银员盖章后的第二联供应单配制酒水，没有供应单的调酒属违反饭店的规章制度，不管理由如何都不能提倡这种行为。凡在操作过程中因不小心，调错或翻倒浪费的酒水需填写损耗单，列明项目、规格、数量后送交酒吧经理签名认可，再送成本会计处核实入账。配制好酒水后按服务标准送给客人。

2．结账程序

客人要求结账→调酒师或者服务员检查账单→收现金、信用卡或签账→收款员结账。

客人打招呼要求结账时，调酒师或服务员要立即有所反应，不能让客人久等。许多客人的投诉都是因结账时间长引起的。调酒师或服务员需仔细检查一遍账单，核对酒水数量和品种有无错漏，核对完毕将账单拿给客人，客人认可后，收取账单上的现金额，如果是签账单，那么签账的客人要正楷写上姓名、房号及签名。信用卡结账按银行所提供的机器滚压填单办理，然后将现金或者卡交收款员结账，结账后将账单的副本和零钱交给客人。

3．酒水调拨程序

在酒吧中，经常会由于特殊的营业情况卖空某些品种的酒水，这时有客人再点这种酒，就需要马上从别的酒吧调拨所需酒水品种，酒吧中称其为"店内调拨"（inter-bar transfer）。发出酒水的酒吧要填写一式三份的酒水调拨单，上面写明调拨酒水的数量、品种、从什么酒吧调拨到什么酒吧，经手人与领取人签名后交酒吧经理签名。第一联送成本会计处，第二联由发酒水的酒吧保存备查，第三联由接受酒水的酒吧留底。

4．酒杯的清洗与补充

在营业中要及时收集客人使用过的空杯，立即送清洗间清洗消毒。绝不能等一群客人一起喝完后再收杯。清洗消毒后的酒杯要马上取回酒吧以备用。在操作中，要有专人不停地运送、补充酒杯。

5．清理台面，处理垃圾

调酒师要注意经常清理台面，将酒吧台上客人用过的空杯、吸管、杯垫收下来。一次性使用的吸管、杯垫扔到垃圾桶中，空杯送去清洗，台面要经常用湿毛巾清洁，不能留有脏水痕迹。要回收的空瓶放回筛中，其他的空罐与垃圾要放进垃圾桶内，并及时送垃圾间，以免时间长产生异味。客人用的烟灰缸要经常更换，换下后要清洗干净。严格来说，烟灰缸里的烟头不能超过两个。

6．其他

营业中除调酒取物品外，调酒师要保持正立姿势，两腿分开站立，不准坐下或靠墙、靠台。要主动与客人交谈，以增进调酒师与客人间的友谊。要多留心观察装饰品是否用完，要及时地补充；酒杯是否干净够用，如果杯子洗不干净有污点，应及时替换。

（三）酒吧营业后的工作程序

营业后的工作程序包括清理酒吧、完成每日工作报告、清点酒水、检查火灾隐患、关闭电器开关等。

1．清理酒吧

到了酒吧营业结束的时间时，要等客人全部离开后，才能动手收拾酒吧，绝不允许赶客人出去。先把脏的酒杯全部收起送清洗间，必须等清洗消毒后全部取回酒吧才算完成一天的任务，不能到处乱放。垃圾桶要送垃圾间倒空，清洗干净，否则第二天早上酒吧就会因垃圾发酵而充满异味。把所有陈列的酒水小心取下放入柜中，散卖和调酒用过的酒要用湿毛巾把瓶口擦干净再放入柜中。水果装饰物要放回冰箱中保存并用保鲜纸封好。凡是开了罐的汽水、啤酒和其他易拉罐饮料（果汁除外）要全部处理掉，不能放到第二天再用。酒水收拾好后，酒水存放柜要上锁，防止失窃。酒吧台、工作台、水池清洗一遍。酒吧台、工作台用湿毛巾擦抹，水池用清洁剂清洗，单据表格夹好后放入柜中。

2．填写每日工作报告

每日工作报告有如下几项内容：当日营业额、客人人数、平均消费、特别事件和客人投诉。每日工作报告主要供上级掌握各酒吧的营业详细状况和服务情况。

3．清点酒水

把当天所销售出的酒水按第二联供应单数目及酒吧现存的酒水数字填写到酒水记录簿上。这项工作要细心，并且要杜绝弄虚作假，否则的话，会造成很大的麻烦，贵重的瓶装酒要精确到0.1瓶。

4．检查火警隐患

全部清理、清点工作完成后还要将整个酒吧检查一遍，有没有引起火灾的隐患，特别是掉落在地毯上的烟头。消除火灾的隐患在酒吧中是一项非常重要的工作，每个员工都要担负起这个责任。

5．关闭电器开关

除冰箱外所有的电器开关都要关闭，包括照明、咖啡机、咖啡炉、生啤酒机、电动搅拌机、空调和音响。

6．锁好门窗

将当日的供应单（第二联）与工作报告、酒水调拨单送到酒吧经理处，锁好门窗。通常酒水领料单由酒吧经理签名后可提前投入食品仓库的领料单收集箱内。

二、酒吧服务标准

（一）调酒服务标准

在酒吧，客人与调酒师只隔着吧台，调酒师的动作都在客人的目光之下，已经成为一种表演性质的工作，因此不但要注意调制的方法、步骤，还要留意操作姿势及卫生标准。

1．姿势、动作

调酒时要注意姿势端正、轻松、大方，不要弯腰或蹲下调制。任何不雅的姿势都直接影响到客人的情绪。动作要潇洒、轻松、自然、准确。用手拿杯时要握杯子的底部，不要握杯子的上部，更不能用手指接触杯口。调制过程中尽可能使用各种工具，不要用手。特别是不准用手抓冰块放进杯中来代替冰夹，不要做摸头发、揉眼、擦脸等小动作，也不准在酒吧中梳头、照镜子、化妆等。

2．先后顺序与时间

调制出品时要注意客人到来的先后顺序，要先为早到的客人调制酒水。同来的客人要为女士们和老人、小孩先配制饮料。调制任何酒水的时间都不能太长，以免引起客人焦急不悦。这就要求调酒师平时多练习，以便调制时动作快捷熟练。一般的果汁、汽水、矿泉水、啤酒可在1分钟时间内完成；混合饮料可用1～2分钟完成；鸡尾酒包括装饰品可用2～4分钟完成。有时五六个客人同时点酒水，可先一一答应下来，再按次序调制。一定要招呼客人，与客人有良好的互动。

3．卫生标准

在酒吧调酒一定要注意卫生标准，稀释果汁和调制饮料用的水都要用冷开水，无冷开水时可用容器盛满冰块倒入开水也可使用。不能直接用自来水。调酒师要经常洗手，保持手部清洁。配制酒水时有时允许用手，例如拿柠檬片、做装饰物。凡是过期、变质的酒水不准使用。腐烂变质的水果及食品也禁止使用。要特别留意新鲜果汁、鲜牛奶和稀释后果汁的保鲜期，天气热更容易变质。

4. 观察、询问与良好服务

要注意观察酒吧台面，看到客人的酒水快喝完时要询问客人是否再加一杯；客人使用的烟灰缸是否需要更换；酒吧台表面有无酒水残迹，经常用干净湿毛巾擦抹；要经常为客人斟酒水；客人抽烟时要为他点火。让客人在不知不觉中获得各项服务。总而言之，优良的服务在于留心观察加上必要而及时的行动。在调酒服务中，因各国客人的口味、饮用方法不尽相同，有时客人会提出一些特别要求与特别配方，调酒师甚至酒吧经理也不一定会做，这时可以询问、请教客人怎样配制，力求满足客人需要。

5. 清理工作台

工作台是配制供应酒水的地方，位置很小，要注意经常性的清洁与整理。每次调制完酒水后一定要把用完的酒水放回原来位置，不要堆放在工作台上，以免影响操作。斟酒时滴下或不小心倒在工作台上的酒水要及时擦掉。专用于清洁、抹手的湿毛巾要叠成整齐的方形，不要随手抓成一团。

（二）待客服务标准

1. 接听电话

拿起电话，用礼貌术语称呼对方并给予适当的问候语。先报上酒吧名称，需要时记下客人的要求，例如订座、人数、时间、客人姓名、公司名称，要简单准确地回答客人的询问。

2. 迎接客人

客人进入酒吧时，要主动地招呼客人。脸带微笑向客人问好，并手势引领客人进入酒吧。若是熟悉的客人，可以直接称呼客人的姓氏，拉近与客人的距离。如客人存放衣物，提醒客人将贵重物品和现金钱包拿回，然后给客人一记号牌，由客人保管。

3. 领客人入座

带领客人到合适的座位前，单个的客人喜欢到酒吧台前的酒吧椅就座，两个或几个客人可领到沙发或小台。帮客人拉椅子，让客人入座，一般女士们优先。如果客人需要等人，可选择能够看到门口的座位。

4. 递上酒水单

客人入座后可立即递上酒水单（先递给女士们）。如果几批客人同时到达，要先一一招呼客人坐下后再递酒水单。酒水单要直接递到客人手中，不要放在台面上。如果客人在互相谈话，可以稍等几秒钟，或者征求意见："打扰一下，先生、小姐，请问需要酒水单吗？"然后递给客人。要特别留意酒水单是否干净平整，千万不要把肮脏的或模糊不清的酒水单递给客人。

5. 请客人点酒水

递上酒水单后稍等一会儿，然后微笑地问客人"对不起，先生／女士，我能为您写单吗？""请问您要喝点什么呢？"如果客人还没有做出决定，服务员（调酒师）可以为客人提建议或解释酒水单。如果客人在谈话或仔细看酒水单，可以再等一会儿。客人请调酒师介绍饮品时，调酒师要先问客人喜欢喝什么味道的饮料再加以介绍。

6. 写酒水供应单

拿好酒水单和笔，等客人点了酒水后要重复说一遍酒水名称，客人确认了再写酒水供应单。为了减少差错，供应单上要写清楚座号、台号、服务员姓名、酒水饮料品种、数量及特别要求。未写完的行格要用笔划掉，也要注意"女士优先"。并要记清楚每种酒水的价格，以回答客人询问。

7. 酒水供应服务

服务操作是整个酒品服务技术中最引人注目的工作，许多操作都是面对客人的。因此，凡从事酒品服务工作的人，都要求有较好的操作技术，以求动作正确、迅速、优美。高超而又体察入微的服务员，常运用娴熟的操作技术来创造饮宴气氛，以求客人精神上的满足。服务操作过程中，除了技术功底，还需要相当的表演天赋。在许多国家里，酒品服务是由专人来掌管的。人们出于尊重和敬佩，将有一定水平的酒品服务员称为"酒师"。在客人眼里，酒师们的魅力并不亚于文化界中的"明星"，酒品的服务操作是一项具有浓厚艺术色彩的专门技术。在酒品的服务中，通常包括以下的基本技巧。

（1）示瓶　在酒吧中，客人常点用整瓶酒。凡客人点用的酒品，在开启之前都应让客人首先过目，一是表示对客人的尊重，二是核实一下有无误差，三是证明酒品的可靠。基本操作方法是：服务员站立于主要饮者（大多数为点酒人或是男主人）的右侧，左手托瓶底，右手扶瓶颈，酒标面向客人，让其辨认。当客人认可时，方能进行下一步的工作，示瓶往往标志着服务操作的开始，是具有重要意义的环节。

（2）冰镇　许多酒品的饮用温度大大低于室温，这就要求对酒液进行降温处理，比较名贵的瓶装酒大多采用冰镇的方法进行处理。冰镇瓶装酒需用冰桶，用服侍盘托住桶底，以防凝结水滴沾污台布。桶中放入冰块（不宜过大或过碎），将酒瓶插入冰块内，酒标向上，之后，再用一块毛巾搭在瓶身上，连桶送至客人的餐桌上。一般说来，10分钟以后可达到冰镇的效果。从冰桶取酒时，应以一块折叠的餐巾护住瓶身，可以防止冰水滴落弄脏台布或客人的衣服。

（3）溜杯　溜杯是另一种降温方法。服务员手持杯脚，杯中放一块冰，然后摇杯，使冰块产生离心力在杯壁上溜滑，以降低杯子的温度。有些酒品的溜杯要求很严格，直至杯壁溜滑凝附一层薄霜为止。也有用冰箱冷藏杯具的处理方法，但不适用于高雅场合。

（4）温烫　温烫饮酒不仅用于中国的某些酒品，有的洋酒也需要温烫以后才饮用。温烫有如下4种常见的方法（其中水烫和燃烧常需即席操作）。

① 水烫：把即将饮用的酒倒入烫酒器，然后置入热水中升温。

② 火烤：把即将饮用的酒装入耐热器皿，置于火上升温。

③ 燃烧：把即将饮用的酒盛入杯盏内，点燃酒液升温。

④ 冲泡：把即将饮用的酒用滚沸的饮料（水、茶、咖啡）冲入，或将酒液注入热饮料中。

（5）开瓶　世界各类酒品的包装方式多种多样，以瓶装酒和罐装酒最为常见。开启瓶塞瓶盖，打开罐口时应注意动作的正确和优美。

① 使用正确的开瓶器：开瓶器有两大类：一是专开葡萄酒瓶塞的螺丝钻刀，二是专开啤酒、汽水等瓶盖的起子。螺丝钻刀的螺旋部分要长（有的软木塞长达8～9厘米），头部要尖，另外，螺丝钻刀上最好装有一个起拔杠杆，以利于瓶塞拔起。

② 开瓶时尽量减少瓶体的晃动：这样可避免汽酒冲冒，陈酒发生沉淀物窜腾。一般将酒瓶放在桌上开启，动作要准确、敏捷、果断。万一软木塞有断裂危险，可将酒瓶倒置，用内部酒液的压力顶住断塞，然后再旋进螺丝钻刀。

③ 开瓶声越轻越好：开任何瓶罐都应如此，其中也包括香槟酒。在高雅严肃的场合中，呼呼作响的嘈杂声与环境显然是不协调的。

④ 拔出的瓶塞要进行检查：看有否病酒或坏酒。原汁酒的开瓶检查尤为重要，检查的方法主要是嗅辨，以嗅瓶塞插入瓶内的那一部分为主。

⑤ 开启瓶塞（盖）以后，要仔细擦拭瓶口：将积垢脏物擦去。擦拭时，切忌将污垢落入瓶内。

⑥ 开启的酒瓶、罐原则上应留在客人的餐桌上：一般放在主要客人的右手一侧，底下垫瓶垫，以防弄脏台布；或是放在客人右后侧茶几的冰桶里。使用酒篮的陈酒，连同篮子一起放在餐桌上，但须注意酒瓶颈背下应衬垫一块餐巾或纸巾，以防斟酒时酒液滴出。空瓶空罐一律撤离餐桌。

⑦ 开启后的封皮、木塞、盖子等物不要直接放在桌上：一般用给客人检查后可以用小盆盛之，

在离开餐桌时一并带走，切不可留在客人面前。

⑧ 开启带汽或冷藏过的酒罐封口，常会有水汽喷射出来。因此，当客人面开拔时，应将开口一方对着自己，并用手握遮，以示礼貌。

（6）滗酒　许多远年陈酒有一定的沉淀物积于瓶底内，为了避免斟酒时产生混浊现象，需事先剔除沉渣以确保酒液的纯净。专门人员使用滗酒器滗酒去渣，在没有滗酒器时，可以用大水杯代替，方法如下：

一是事先将酒瓶竖立若干小时，使沉渣积于瓶底，再横置酒瓶，动作要轻。

二是准备一光源，置于瓶子和水杯的那一端，操作者位于这一端，慢慢将酒液滗入水杯中。当接近含有沉渣的酒液时，需要沉着果断，争取滗出尽可能多的酒液，剔除混浊物。

（7）斟酒　在非正式场合中，斟酒由客人自己去做，在正式场合中，斟酒则是服务人员必须进行的服务工作。斟酒有多种方式：桌斟和捧斟。

① 桌斟：将杯具留在桌上，斟酒者立于饮者的右边，侧身用右手把握酒瓶向杯中倾倒酒液。瓶口与杯沿保持一定的距离。切忌将瓶口搁在杯沿上或高溅注酒，斟酒者每斟一杯，都需要换一下位置，站到下一位客人的右侧。左右开工，手臂横越客人的视线等，都是不礼貌的做法。桌斟时，还需掌握好满斟的程度，有些酒需要少斟，有些酒需要多斟，过多过少都不好。斟毕，持酒瓶的手应向内旋转90°，同时离开杯具上方，使最后一滴挂在酒瓶上而不落在桌上或客人身上。然后，左手用餐巾拭一下瓶颈和瓶口，再给下一位客人斟酒。

② 捧斟：捧斟时，服务员一手握瓶，一手则将酒杯捧在手中，站立于饮者的右方，然后再向杯内斟酒，斟酒动作应在台面以外的空间进行，然后将斟毕的酒杯放在客人的右手处。捧斟主要适用于非冰镇处理的酒品。

至于手握酒瓶的姿势，各国间不尽相同，有的主张手握在酒标上（以西欧诸国多见），有的则主张手握在酒标的另一方（以中国多见），各有解释的理由。服务员应根据当地习惯及酒吧要求去做即可。

（8）饮仪礼仪　我国饮宴席间的礼仪与其他国家有所不同，与通用的国际礼仪也有所区别。在我国，人们通常认为，席间最受尊重的是上级、客人、长者，尤其是在正式场合中，上级和客人处于绝对领先地位。服务顺序一般先为首席主宾、首席主人、主宾、重要陪客斟酒，再为其他人员斟酒；客人围坐时，采用顺时针方向依次服务。国际上比较流行的服务顺序是：先为女宾斟酒，后为女主人斟酒；先为女士，后为先生；先为长者，后为幼者。妇女处于绝对的受尊重地位。

（9）添酒　正式饮宴上，服务员要不断向客人杯内添加酒液，直至客人示意不要为止。在斟酒时，有些客人以手掩杯、倒扣酒杯或横置酒杯，都是谢绝斟酒的表示，服务员切忌强行劝酒，使客人难以下台。

凡需要增添新的饮品，服务员应主动更换用过的杯具，连用同一杯具显然是不合适的。至于散卖酒，每当客人添酒时，一定要换用另一杯具，切不可斟入原杯具中。在任何情况下，各种杯具应留在客人餐桌上，直至饮宴结束为止。当着客人的面撤收空杯是不礼貌的行为，如果客人示意收去一部分空杯，另当别论。

客人祝酒时，服务员应回避。祝酒完毕，方可重新回到服务场所添酒。在主人游动祝酒时，服务员可持瓶尾随主要祝酒人，注意随时添酒。

8. 更换烟灰缸

取干净的烟灰缸放在托盘上，拿到客人的桌前，用右手拿起一个干净的烟灰缸，盖在台面上有烟头的烟灰缸上，两个烟灰缸一起拿到托盘上，再把干净的烟灰缸拿到客人的桌子上。在酒吧台，可以直接用手拿干净的烟灰缸盖在有烟头的烟灰缸上，两个烟灰缸一齐拿到工作台上，再把干净的烟灰缸放到酒吧台上。绝对不可以直接拿起有烟灰的烟灰缸放到托盘上，再摆下干净的烟灰缸，这种操作会使飞扬起来的烟灰有可能掉进客人的饮料里或者落到客人的身上，会造成意想不到的麻烦。有时，客人把没抽完的香烟或雪茄烟架在烟灰缸上，可以先摆上一个干净的烟灰缸并排在用过的烟灰缸旁边，把架在烟灰缸上的香烟移到干净的烟灰缸上，然后再取另一个干净的烟灰缸盖在用过的烟灰缸上，一齐取走。

9. 撤空杯或空瓶罐

服务员要注意观察，客人的饮料是不是快要喝完了。如有杯子只剩一点点饮料，而台上已经没有饮料瓶罐，就可以走到客人身边，问客人是否再来一杯酒水尽兴。如果客人要点的下一杯饮料同杯子里的饮料相同，可以不换杯；如果不同就另上一个杯子给客人。当杯子已经喝空后，可以拿着托盘走到客人身边问："我可以收去您的空杯子吗?"客人点头允许后再把杯子撤到托盘上收走。只要一发现客人台面上有空瓶、空罐可以随时撤走。

10. 为客人点烟

看到客人取出香烟或雪茄准备抽烟时，可以马上掏出打火机或擦亮火柴为客人点烟。注意点着后马上关掉打火机或挪开火柴吹灭。燃烧的打火机或火柴不可以靠近客人，离开客人的香烟约10厘米左右，让客人靠近火源点烟。

11. 结账

客人要求结账时，要立即到收款员处取账单，拿到账单后要检查一遍台号、酒水的品种、数量是否准确，再用账单夹夹好，拿到客人面前，有礼貌地说："这是您的账单，多谢。××元××角。"切记不可大声地读出账单上的消费额。有些作东的客人不希望他的朋友知道账单的数目。如果客人认为账单有误，绝对不能同客人争辩，应立即到收款员那里重新把供应单和账单核对一遍，有错马上改；并向客人致歉；没有错可以向客人解释清楚每一个项目的价格，取得客人的谅解。

12. 送客

客人结账后，可以帮助客人移开椅子以便让客人容易站起来，如客人存放了衣物，根据客人交回的记号牌，帮客人取回衣物，记住问客人有没有拿错和是否少拿了自己的物品。然后送客人到门口，说"多谢光临""再见""欢迎下次光临"等；注意说话时要脸带微笑，面向客人。

13. 清理台面

客人离开后，用托盘将台面上所有的杯、瓶、烟灰缸等都收掉，再用湿毛巾将台面擦干净，重新摆上干净的烟灰缸和用具。

14. 进纸餐巾

拿给客人的纸餐巾要先叠好插到杯子中。可叠成菱形或三角形，事先要检查一下纸餐巾是否有破损或带污点，将不平整或有破洞、有污点的纸餐巾挑出来。

15. 准备小食

酒吧免费提供给客人的佐酒小吃（花生、炸薯片）通常由厨房做好后取回酒吧中，并用干净的小玻璃碗装好。

16. 端托盘要领

用左手端托盘，五指分开，手指与手掌边缘接触托盘，手心不碰托盘；酒杯、饮料放入托盘时不要放得太多，以免把持不稳；高杯或大杯的饮料要放在靠近身子一边；走动时要保持平衡，酒水多时可用右手扶住托盘；端起时要拿稳后再走，端至客人面前要停稳后再取酒水。

17. 擦酒杯

擦酒杯时要用酒桶或容器装热开水（80%满）；将酒杯的口部对着热水（不要接触），让水蒸气熏酒杯直至杯中充满水蒸气时；用清洁和干爽的餐巾（镜布、口布）擦，手握酒杯底部，右手将餐巾塞入杯中，擦至杯子透明锃亮为止。擦干净后要对着灯光照一下，看看有无漏擦的污点。擦好后，手指不能再碰酒杯内部或上部，以免留下痕印。注意在擦酒杯时不可太用力，防止扭碎酒杯。

实训评估标准及其评估分值

评估指标	基本完成评估标准 评估分值60分	达到要求评估标准 评估分值40分	评估成绩100分
实训动作50分	动作规范30分	动作优美20分	
实训表情、语言30分	面带微笑9分 服务用语正确9分	普通话标准6分 语音动听6分	
服饰礼仪20分	服饰干净，符合工作要求12分	服饰挺括，无破损4分 款式新颖4分	

项目小结

本项目内容主要是使学生了解酒吧的分类以及在酒吧工作过程中需要注意的一些内容。

实验实训

组织学生到酒店或者酒吧参观，了解酒吧的工作程序。

思考与练习题

1．试述调酒行业发展的过程。

2．酒吧的工作程序有哪些？

3．简述酒吧调酒师的服务标准。

正确使用酒吧常用器具和设备

■ 项目概述

随着我国调酒业的发展，酒吧的发展也日益蓬勃，各大城市都有自己风格的酒吧一条街。为了更好地满足现代人的要求，酒吧服务不断推陈出新，对酒吧的器具、设备也提出了更高的要求，本项目列举了一些酒吧必备的器具和设备，让大家更深入地了解和认识现代酒吧。

■ 项目学习目标

认识酒吧常用器具，了解其用途
认识酒吧常用设备，了解其用途及日常保养

■ 项目主要内容

酒吧常用器具
酒吧常用设备用途及保养

正确使用酒吧常用器具

【任务设立】

要求学生能够认识酒吧常用器具，能够介绍每一款器具的用途、使用注意事项及日常保养方法。

学生任选一款器具，查阅资料，向同学们介绍其用途、使用方法、注意事项及日常保养。

【任务目标】

提高学生对酒吧器具的熟悉度。

帮助学生正确使用各种器具。

帮助学生认识各种器具的使用方法和日常保养，以便在工作中减小日常损耗。

【任务要求】

要求学生能够正确把握产品介绍的要领。

要求教师现场指导，及时补充。

要求模拟酒吧器具配备齐全。

【理论指导】

一、酒杯的选择

在品尝红酒、白酒或鸡尾酒的过程中，酒杯扮演了一个很重要的角色，香槟和利口酒也不例外。使用了正确的玻璃杯才能使"杯中物"的特性完全显露无遗，增添饮酒的乐趣。此外，一家餐厅或酒吧的档次往往通过酒杯的使用就能立判高下。

每一种酒杯都有许多不同的款式，材料不同，气质和品质就不同。酒杯一般有平光玻璃杯、刻花玻璃杯和水晶玻璃杯等，应根据酒杯的档次、级别和格调选用。但酒杯的使用有一项通则，即不论喝红酒或白酒，酒杯都必须使用透明的高脚杯。由于酒的颜色和喝酒、闻酒一样是品酒的一部分，一向作为评定酒的品质的重要标准，有色玻璃杯的使用，将影响到对酒本身颜色的判定。使用高脚杯的目的则在于让手有所把持，避免手直接接触杯肚而影响了酒的温度。

一个好的酒杯的设计需涵盖三个方面。首先，杯子的清澈度及厚度对品酒时视觉的感觉极为重要；其次，杯子的大小及形状会决定酒香味的强度及复杂度；最后，杯口的形状决定了酒入口时与味蕾的第一接触点，从而影响了对酒的组成要素（如味、单宁、酸度及酒精度）的各种不同感觉。

挑选一款适合自己的酒杯，需要注意以下几个方面（以水晶酒杯为例说明）。

1. 看选料

选料精良的水晶酒杯，应看不到星点状、云雾状和絮状分布的气液泡体。质地以纯净、光润、晶莹为好。

2. 看做工

为水晶酒杯加工的是磨工。一件做工好的水晶酒杯应考究精细，不仅能充分展现出水晶制品的外在美（造型、款式、对称性等），而且能最大限度地挖掘其内在美（晶莹）。

3. 看抛光

抛光的好坏直接影响到水晶酒杯的身价。水晶酒杯在加工过程中须经过金刚砂的琢磨，粗糙的制作会使水晶表面存在摩擦的痕迹。好的水晶酒杯自然透明度、光泽都比较好，按行话说法是"火头足"。

二、不同种类酒杯的识别与管理

酒杯通常包括杯体、杯脚及杯底，有些杯子还带杯柄。任何一种酒杯可能有它们中间的两个或三个部分，根据这一特点，我们将酒杯分为三类：平底无脚杯（Tumbler Glasses）、矮脚杯（Footed Glasses）和高脚杯（Stemware Glasses）。

1. 古典杯（Old Fashional Glass & Rock Glass）

又称为老式酒杯或岩石杯，原为英国人饮用威士忌的酒杯，也常用于装载鸡尾酒，现多用此杯盛烈性酒加冰。古典杯（图2-3-1）呈直筒状或喇叭状，杯口与杯身等粗或稍大，无脚，容量8盎司居多。其特点是壁厚，杯体短，有"矮壮""结实"的外形。这种造型是由英国人的传统饮酒习惯造成的，他们在杯中调酒，喜欢碰杯，所以要求酒杯结实，具有稳重感。

2. 海波杯（High Ball Glass）

又叫"高球杯"，为大型、平底的直身杯（图2-3-2），多用于盛载长饮类鸡尾酒或软饮料，一般容量为5～9盎司。

3. 哥连士杯（Collins Glass）

又称长饮杯、水杯，其形状与海波杯相似（图2-3-2），只是比海波杯细而长，其容量为10～12盎司，标准的长饮杯高与底面周长相等。哥连士杯常用于调制"汤姆哥连士"一类的长饮，饮用时通常要插入吸管。

4. 飓风杯（Tumbler）

又称平底杯，杯身上大下小，收腰、底厚（图2-3-3），容量为12～14盎司，主要是盛载啤酒或者长饮类饮料。

5. 有柄圆筒杯（Jug）

又称生啤杯，主要用于盛载生啤酒（图2-3-4）。

图2-3-1　古典杯　　　　　图2-3-2　左为海波杯，右　　　　图2-3-3　飓风杯
　　　　　　　　　　　　　　　　为哥连士杯

图2-3-4　有柄圆筒杯

图2-3-5　柯林杯

图2-3-6　白兰地杯

6．柯林杯（Zombie Glass）

柯林杯是如烟囱一样的直筒杯（图2-3-5），容量为14～16盎司，主要用于深水炸弹等表演性的鸡尾酒的制作。

7．白兰地杯（Brandy Glass）

又称郁金香型杯，为短脚、球形身杯，杯口缩窄式专用酒杯（图2-3-6），用于盛载白兰地酒，杯子的容量一般在8盎司左右，如果把杯子横放在桌子上，杯肚里盛装的酒液刚好为1盎司，说明是标准的法国生产的白兰地杯。

8．葡萄酒杯（Wine Glass）

最小的为4盎司，最大的为10盎司以上（图2-3-7）。小杯通常用于饮餐前酒或代替鸡尾酒杯，佐餐酒应使用8盎司以上的多用途酒杯。葡萄酒酒杯又分为白葡萄酒杯和红葡萄酒杯。白葡萄酒杯主要用于盛载白葡萄酒和用其制作的鸡尾酒，红葡萄酒杯用于盛载红葡萄酒和用其制作的鸡尾酒。

9．鸡尾酒杯（Cocktail Glass）

鸡尾酒杯是高脚杯的一种。杯具外形呈三角形，杯底有尖形和圆形（图2-3-8）。脚为修长或圆粗，光洁而透明，杯具的容量为4～6盎司，其中4.5盎司用得最多。专门用来盛放各种短饮。

10．酸酒杯（Sour Glass）

通常把带有柠檬味的酒称为酸酒，饮用这类酒的杯子称为"酸酒杯"。酸酒杯为高脚，杯身呈"U"字型，容量为4～6盎司（图2-3-9）。

11．玛格利特（Margarita）

玛格利特为高脚、宽酒杯（图2-3-10），其造型特别，杯身呈梯形状，并逐渐缩小至杯底，用

图2-3-7　葡萄酒杯

图2-3-8　鸡尾酒杯

图2-3-9　酸酒杯

图2-3-10 玛格利特　　　　　　　　图2-3-11 利口酒杯　　　　　　　　图2-3-12 矮脚玻璃杯

于盛装"玛格利特"鸡尾酒或其他长饮类鸡尾酒，容量为7~9盎司。

12. 香槟杯（Champagne Glass）

香槟杯用于盛装香槟酒，用其盛放鸡尾酒也很普遍。其容量为4.5~9盎司，以4盎司的香槟杯用途最广。香槟杯主要有以下三种杯型。

（1）浅碟型香槟杯：为高脚、宽口、杯身低浅的杯子，可用于装盛鸡尾酒或软饮料，还可以叠成香槟塔。

（2）郁金香型香槟杯：是高脚、长杯身，呈郁金香花造型杯子，可用于盛放香槟酒，细饮慢啜，并能充分欣赏酒在杯中气泡的乐趣。

（3）笛型香槟杯：是高脚、杯身呈笛状的杯子。

13. 利口酒杯（Liqueur Glass）

利口酒杯为小型高脚杯，杯身呈管状（图2-3-11），用来盛装五光十色的利口酒、彩虹酒等，也可以用于伏特加酒、朗姆酒、特基拉酒的净饮，其容量为1~2盎司。

14. 矮脚玻璃杯（Goblet）

主要在豪华的西餐厅使用，多为盛载矿泉水及冰水（图2-3-12）。

三、其他工具识别与管理

酒吧工具很多，要根据酒吧的需要选用，其中主要有：

1. 调酒壶（Shaker）

调酒壶有两种形式：一种称波士顿调酒壶；另一种为标准型调酒壶。常用于多种原料混合的鸡尾酒或加入蛋、奶等浓稠原料的鸡尾酒，通过调酒壶剧烈的摇荡，使壶内各种原料均匀地混合。

波士顿调酒壶又称为TIN，也称作美式调酒壶（图2-3-13），是花式调酒中必不可少的工具，它由不锈钢制成，有的在表面上加入橡胶制成的套，上面配有一只玻璃杯，使用时两座对口嵌合即可。

标准型调酒壶又称英式调酒壶，通常用不锈钢等金属材料制造（图2-3-14）。目前市场常见的分大、中、小三号。调酒壶包括壶身、滤冰器及壶盖三部分组成。用时一定要先盖隔冰器，再加上盖，以免液体外溢。使用原则，首先放冰块，然后再放入其他料，摇荡时间不超过20秒为宜。否则冰块开始融化，将会稀释酒的风味。用后立即打开清洗。

2. 量酒器（Double Jigger）

量酒器是测量酒量的工具（图2-3-15）。不锈钢制品，有不同的型号，两端各有一个量杯，常用的是上部为15毫升和下部为30毫升、上部为30毫升下部为45毫升的组合型。

图2-3-13 波士顿调酒壶

图2-3-14 英式调酒壶

图2-3-15 量酒器

3. 调酒杯（Missing Glass）

调酒杯是由平底玻璃杯组成（图2-3-16），主要在用于调制鸡尾酒时使用，通常在杯身部印有容量的标记，供投料时参考。

4. 吧匙（Bar Spoon）

又称为酒吧匙，是酒吧调酒专用工具，为不锈钢制品，比普通茶匙长几倍（图2-3-17）。吧匙的另外一端是匙叉，具有叉取水果粒或块的用途，中间呈螺旋状，便于旋转杯中的液体和其他材料，还可以充当彩虹酒的引流作用。

5. 调酒棒（Missing Stick）

调酒棒大多是塑料制品，可作为酒吧调酒师在用调酒杯调酒时的搅拌工具，也可插在载杯内，供客人自行搅拌用。

6. 长勺（Long Spoon）

长勺调制热饮时代替调酒棒，否则易弯曲，酒味易混浊。

7. 砧板（Cutting Board）

砧板用以切水果和制作装饰物。

8. 水果刀（Knife）

水果刀为不锈钢制品，主要用于切水果。

9. 长叉（Bar Fork）

长叉为不锈钢制品，用以叉取樱桃及橄榄等。

10. 糖盅（Sugar Bowl）

糖盅主要用以盛放砂糖。

11. 盐盅（Salt Bowl）

盐盅用以盛装细盐。

12. 托盘（Tray）

托盘用不锈钢、塑料、木制均可，有供酒用和供食物用两种。

13. 红酒篮（Wine Cradle）

红葡萄酒不用冰镇，服务前放置于酒篮中。

14. 冰淇淋勺（Ice Cream Dipper）

冰淇淋勺为不锈钢制品，用于量取冰淇淋。

图2-3-16 调酒杯　　　图2-3-17 吧匙

15．奶勺（Milk Jug）

奶勺属于不锈钢制品，用以盛淡奶。

16．水勺（Water Jug）

水勺为不锈钢制品或塑料制品，用以盛水。

17．柠檬夹（Lemon Tongs）

柠檬夹用于夹取柠檬片以制取柠檬汁。

18．酒嘴（Pourer）

酒嘴为不锈钢或塑料制品，主要用于美式调酒，控制酒的流量（图2-3-18）。

19．开瓶器（CorkScrew）

开瓶器俗称酒吧开刀；用于开起红、白葡萄酒瓶的木塞，也可用于开汽水瓶、果汁罐头。

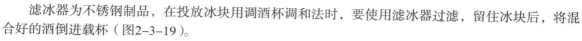

图2-3-18　酒嘴

20．滤冰器（Strainer）

滤冰器为不锈钢制品，在投放冰块用调酒杯调和法时，要使用滤冰器过滤，留住冰块后，将混合好的酒倒进载杯（图2-3-19）。

21．冰桶（Ice Bucket）

冰桶为不锈钢制品或玻璃制品（图2-3-20），为盛放冰块专用容器，便于操作时取用，并能保温，使冰块不会迅速融化。

22．冰夹（Ice Tongs）

冰夹为不锈钢制品，用来夹取冰块（图2-3-21）。

23．冰铲（Ice Scoop）

冰铲是舀起冰块的用具，既方便又卫生。

24．特色牙签（Tooth Picks）

特色牙签是用以串插各种水果点缀品，用塑料制成的，也是一种装饰品。也可用一般牙签代替。

25．吸管（Drinking Straw）

吸管一端可以弯曲，供客人吸饮料使用，花式吸管有多种颜色，外观美丽，也是一种装饰品。

26．杯垫（Cup Mat）

杯垫用于垫在杯子底部，材质有纸制、塑料制、皮制、金属制等，其中以吸水性能好的厚纸为佳。

图2-3-19　滤冰器

图2-3-20　冰桶

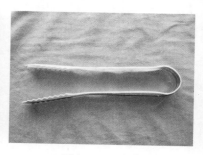
图2-3-21　冰夹

酒吧器具介绍评估标准及其评估分值

评估指标	基本完成评估标准 评估分值60分	达到要求评估标准 评估分值40分	评估成绩100分
介绍内容60分	器具名称准确15分 器具使用方法正确20分	能鉴别器具质量优劣10分 器具保养方法得当15分	
介绍表情20分	面带微笑5分 表情自然、舒展5分	表情丰富5分 具有吸引力5分	
介绍姿态20分	姿态大方得体15分	善于表现5分	

任务2 正确使用酒吧常用设备

【任务设立】

　　要求学生能够认识酒吧常用设备，能够介绍每一款设备的用途、使用注意事项及日常保养方法。

　　将学生分组，每组选定一种设备，仔细阅读说明书，在教师的指导下，正确使用该种设备。

　　在确保每组完全掌握了选定设备的性能和使用方法后，组间相互指导，要求全体学生会使用酒吧常用设备。

【任务目标】

　　提高学生对酒吧设备的熟悉度。

　　帮助学生正确使用各种设备。

　　帮助学生了解各种设备的性能。

【任务要求】

　　要求教师现场指导，保证设备使用安全。

　　要求学生认真细致，安全操作。

　　要求模拟酒吧配备各种设备。

一、制冷设备

1. 冰箱（Refrigerator）

冰箱也称雪柜、冰柜，是酒吧中用于冷冻酒水饮料，保存适量酒品和其他调酒用品的设备，大小型号可根据酒吧规模、环境等条件选用。柜内温度要求保持在4～8℃。冰箱内部分层分隔以便存放不同种类的酒品和调酒用品。通常白葡萄酒、香槟、玫瑰红葡萄酒、啤酒等需放入柜中冷藏。

2. 立式冷柜（Wine Cooler）

立式冷柜专门存放香槟和白葡萄酒使用。里面分成横竖成行的格子，香槟及白葡萄酒横插入格子里存放。温度保持4～8℃。

3. 制冰机（Ice Cube Machine）

制冰机是酒吧中制作冰块的机器，可自行选用不用的型号。冰块形状也可以分为四方体、圆体、扁圆体和长方条等多种。四方体的冰块用起来较好，不容易融化。

4. 碎冰机（Crushed Ice Machine）

酒吧中因调酒需要许多碎冰，碎冰机也是一种制冰机，但是制作出来的冰均为碎粒状。

5. 生啤机（Draught Machine）

生啤机为桶装。一般客人喜欢喝冰啤酒，生啤机专为此设计。生啤机分为两部分：气瓶和制冷设备。气瓶装二氧化碳用，输出管连接到生啤酒桶，有开关控制输出气压。气压低表明气体用完，需要更换气瓶。制冷设备是急冷型的。正桶的生啤酒无需冷藏，连接制冷设备后，输出来的便是冷冻的生啤酒，泡沫厚度可由开关控制。生啤机不用时，必须断开电源并取出插入生啤酒桶口的管子。生啤机需每15天由专业人员清洗一次。

6. 苏打枪（Handgun For a Soda System）

苏打枪是用来分配含气饮料的系统。这一装置包括一个喷嘴和七个按钮。诸如苏打水、汤力水、可乐、七喜、哥连士饮料、干姜水、薄荷水等，它可以保证饮品供应的一致性。

7. 上霜机（Glass Chiller）

上霜机是用来冰镇酒杯的设备。

二、清洗设备

洗杯机（Washing Machine）中有自动喷射装置和高温蒸汽管。较大的洗杯机，可放入整盘的杯子进行清洗。一般将酒杯放入杯筛中再放进洗杯机里，调好程序按下电钮即可清洗。有些较先进的洗杯机还有自动输入清洁剂和催干剂装置。洗杯机有许多种，型号各异，可根据需要选用，如一种较小型的、旋转式洗杯机，每次只能洗一个杯子，一般装在酒吧台的边上。

在许多酒吧中因资金和地方限制，还需用手工清洗。手工清洗需要有清洗槽盘。

三、其他常用设备

1. 电动搅拌机（Blender）

电动搅拌机在调制鸡尾酒时用于较大分量搅拌或搅碎一些水果（图2-3-22）。

2. 果汁机（Juice Machine）

果汁机有多种型号，主要作用有两个：一个是冷冻果汁；另一个是自动稀释果汁（浓缩果汁放入后可自动与水混合）。

3．榨汁机（Juice Squeezer）

榨汁机用于榨取新鲜橙汁或柠檬汁。

4．奶昔搅拌机（Milk Shake Blender）

用于搅拌奶昔（一种用鲜牛奶加冰淇淋搅拌而成的饮料）。

5．咖啡机（Cafe Machine）

咖啡机用于煮咖啡用，有很多型号。

6．咖啡保温炉（Cafe Warmer）

咖啡保温炉用于将煮好的咖啡装入大容器放在炉上保持温度。

图2-3-22　电动搅拌机

项目小结

本章内容主要是使学生了解酒吧的工具和常用设备。

【任务评价】

常用设备使用实训的评估标准及其评估分值

评估指标	基本完成评估标准 评估分值60分	达到要求评估标准 评估分值40分	评估成绩100分
设备操作50分	操作程序规范15分 操作熟练15分	能节能减排10分 能高效利用原料10分	
设备清洁20分	使用得当的清洁工具5分 清洁步骤规范5分	动作轻缓，减少磨损5分 注重外部清洁，更应注重内部清洁5分	
设备保养30分	保养方法正确10分 掌握保养时机10分	责任心强5分 能吃苦耐劳5分	

实验实训

组织学生掌握酒吧常用工具和设备的使用方法，带领学生练习擦玻璃杯。

思考与练习题

1．酒吧里最常用的工具和设备有哪些？

2．试述常用设备的维护及保养方法。

项目四
制作鸡尾酒

■ 项目概述

　　鸡尾酒的英文写法为：由英文Cock（公鸡）和tail（尾）两词组成的，称为鸡尾酒是很恰当的。鸡尾酒是一种含酒的混合饮品，它的出现几乎是和酒的历史一样久远。鸡尾酒的名称产生于17世纪初期。关于鸡尾酒的起源有20多种的说法，一些说法多源自美国，所以许多人都认为鸡尾酒起源于美国。第一次有关鸡尾酒的文字记载是在1806年，在美国的一本叫《平衡》的杂志中首次详细的解释了鸡尾酒，说到：鸡尾酒就是一种由几种烈酒混合而成的，并加糖、水、冰块、苦味酒的提神饮料。现代鸡尾酒科学的解释是：采用一种酒加上另外的一种酒，或是用酒加上果汁或汽水等辅助材料，加味、增色、调香配制而成的混合饮品，是一种色、香、味、形俱佳的艺术酒品。1879年德国人发明了人工制冰机，能保证冷却型鸡尾酒的消费，1869年始美国的公司开始大规模生产、销售果汁，鸡尾酒有了品质均衡、货源充足的辅助保障。以后使用调酒壶和调酒杯，通过摇晃和搅拌配制鸡尾酒的技术广为流行。现代的鸡尾酒只有100多年的历史。100多年的鸡尾酒发展历史来看，美国是当之无愧的世界鸡尾酒中心。在美国1920—1933年禁酒时期是鸡尾酒发展的黄金时代。后一大批美国鸡尾酒调酒师去欧洲发展，鸡尾酒很快在欧洲大地广为流传。第二次世界大战结束后，鸡尾酒的流行有两个值得记载的事件，一是出于政治军事目的，美国为欧亚的许多国家提供大量的经济和军事援助，四处派兵，伴随着美国人的行程鸡尾酒迅速地走向世界。二是以胜者为尊的美国文化，美国式的消费方式引领世界潮流，鸡尾酒成为全世界风行的酒精饮料。

■ 项目学习目标

了解鸡尾酒的构成
了解鸡尾酒的分类和调制方法
掌握世界著名鸡尾酒的配方

■ 项目主要内容

鸡尾酒的结构
鸡尾酒的分类和调制方法
要学会利用四种方法调制鸡尾酒

制作一款鸡尾酒

【任务设立】

要求学生全面了解鸡尾酒的组成、分类和制作方法，熟悉世界上著名的鸡尾酒配方，在此基础上设计酒谱，并完成一款鸡尾酒的制作。

要求配方科学合理，各种材料使用得当。

【任务目标】

让学生掌握鸡尾酒调制方法。

提高学生的团结合作精神，群策群力，自制一款口感良好、造型美观的健康饮品。

【任务要求】

要求先教师示范，然后学生练习，教师现场指导，确保学生动作规范，设备器具使用安全。

将学生分组，收集资料，设计配方，经过多次尝试，达到色、香、形的最佳结合点。

要求学生动作规范，操作顺序合理；耐心细致，注意细节。

要求模拟酒吧配备各种器具和设备。

【理论指导】

一、酒谱（Recipe）

酒谱就是鸡尾酒的配方，它是一种调制鸡尾酒的方法和说明。常见的鸡尾酒酒谱有两种：标准酒谱和指导性酒谱。

（一）标准酒谱

标准酒谱是某一酒吧所规定的标准化酒谱。这种酒谱是在酒吧所拥有的原料、用杯、调酒用具等一定条件下做的具体规定。任何一个调酒师都必须严格按照酒谱所规定的原料、用量及程序去操作。标准酒谱是一个酒吧用来控制成本和质量的基础，也是做好酒吧管理和控制的标准。

（二）指导性酒谱

指导性酒谱是一种仅起学习和参考作用的酒谱。书中所列举的酒谱均属于这一类，因为这类酒谱所规定的原料、用量以及配制的程序都可以根据具体条件进行修改。

在学习过程中，我们可以通过指导性酒谱，首先掌握酒谱的基本结构，在不断摸索中掌握鸡尾酒调制的基本规律，从而掌握鸡尾酒的族系。

二、鸡尾酒的基本结构

一款色、香、味俱佳的鸡尾酒通常是由基酒、辅料、附加料、冰块、载杯、装饰物六部分构成的。

（一）基酒

基酒又称酒基，主要是以烈性酒为主，如金酒、威士忌、朗姆酒、伏特加、白兰地、特基拉六种蒸馏酒，也有少量鸡尾酒是以葡萄酒、啤酒为基础的。基酒决定了一款鸡尾酒的主要风味。中式鸡尾酒一般是以中国白酒为基酒。

可以作为基酒的酒品种类繁多，风格各异。为了控制成本和制定调酒质量标准，酒店、酒吧通常固定使用一些质量较好、品牌流行、价格便宜、易于购买的酒品作为鸡尾酒的基酒。基酒在配方中的分量比例有各种表示方法，目前主要的表示方法通常是以量杯（盎司）为单位。

（二）辅料

辅料主要是对基酒起稀释，并改善或增加原口味的作用。常用的辅料主要是各类果蔬汁、碳酸饮料、增味剂、水。

（1）果蔬汁　包括各种瓶装、罐装和现榨的各类果蔬汁，如：橙汁、柠檬汁、青柠汁、苹果汁、西柚汁、西瓜汁、椰汁、菠萝汁、番茄汁、胡萝卜汁等。

（2）碳酸类饮料　常见的碳酸饮料有雪碧、可乐、七喜、苏打水、汤力水、干姜水等。其中苏打水（Soda Water）、汤力水（Tonic Water）、干姜水（Ginger Water）、可乐（Cola）、七喜（7—UP）被称为"五大汽水"。

（3）增味剂　常见的增味剂主要有各种糖浆、蜂蜜、柠檬水、酸甜汁、蛋清、蛋黄等。

（4）水　包括凉开水、矿泉水、蒸馏水、纯净水等。

（三）附加料

附加料在鸡尾酒中量少，起调色或者调味作用。主要是配制酒为主。如开胃酒、甜食酒、利口酒等。常用的附加料有红石榴汁、薄荷酒、蓝香橙、马利宝、加利安奴、紫罗兰酒、君度、樱桃酒、辣椒油、胡椒、豆蔻等。

（四）冰块

冰块在鸡尾酒中起到冰镇作用，使酒品保持原有的风味。主要有方冰（Cubes）、圆冰（Round Cubes）、碎冰（Crusher）、薄片冰（Flake Ice）、细冰（Cracked）。

（五）载杯

根据饮料来选择用杯的大小、形状。常见的载杯有鸡尾酒杯、古典杯、飓风杯、海波杯、特饮杯、利口杯等。

（六）装饰物

一份调制完美的鸡尾酒就像一套精美的时装，酒是体，杯是装，而杯边的装饰物就如同时装的饰物一样，具有画龙点睛之妙用。同时，一颗小小的樱桃或橄榄还可以增加鸡尾酒的感官享受，使整个鸡尾酒和谐、完美、统一。当然，很多鸡尾酒并不添加任何装饰物，但若是需要装饰物的鸡尾酒而不去装饰却会贻笑大方。鸡尾酒的装饰物有些是约定俗成的，有些是可以依靠调酒师的想象力去创造的。制作鸡尾酒的装饰物是一门艺术，是调酒师艺术创造的结晶。固然，有些装饰物有调味作用，如"马丁尼"中的一小片柠檬皮，"金汤力"中的柠檬片等，但更多鸡尾酒装饰是鸡尾酒的艺术表现形式。

因此，它可以用各种材料制作各种形状，制造出各种美丽的产品，给人以艺术的享受。特别是各个季节对时令水果的利用，更能显示调酒师的艺术和美的创造力功底。

可用于鸡尾酒装饰的材料有以下几种。

（1）樱桃　常用于装饰的樱桃为红色，此外，还有黄色樱桃、绿色樱桃和蓝色樱桃。除了使用去核无把的樱桃外，还使用粒大饱满且带把的樱桃来装饰鸡尾酒。樱桃是酒吧最常用的必备饰物。

（2）橄榄　主要用于"马丁尼"等鸡尾酒。一般使用"地中海"品种的小橄榄，通常是去核去蒂后盐渍成罐，也有用大橄榄的，去核后塞进杏仁、洋葱、咸鱼等。除青橄榄外，偶尔也使用黑色橄榄。

（3）洋葱　又称"珍珠洋葱"，大小如小手指第一节，呈圆形，透明状，故有"珍珠洋葱"之称。

（4）其他水果　水果是酒吧最常用的装饰品之一，主要有水果片，如橙片、柠檬片等；水果楔，如苹果、梨子、菠萝、芒果、香蕉等。水果皮也是很好的装饰材料，如柠檬皮，皮中的柠檬油可以增加酒的香味。有些水果的硬壳本身就是很好的鸡尾酒盛器，如菠萝，掏空果肉后用来盛装鸡尾酒，别有一番风味。使用水果作饰物时必须使用新鲜的，变质的或瓶装、罐装的水果都会破坏酒的味道。

（5）糖　糖可以用来缓解柠檬汁的酸味，有些酒还需要用糖来"糖圈杯口"，增加其美感。用糖时必须使用精研细白糖，切不可以用糖精。此外，糖还可以制成糖浆来作调酒辅料。

（6）精盐　作配料调制"血红玛丽"等，也可以用来"盐圈杯口"。

（7）蔬菜　常用于装饰的蔬菜有薄荷叶、芹菜、胡萝卜条、小黄瓜等。

（8）花草　各种应时鲜花也是极好的鸡尾酒装饰材料，它们不但可以衬托出鸡尾酒的完美形象，而且还可以用来装饰鸡尾酒，但使用时必须注意卫生。

（9）其他　用于鸡尾酒装饰的还有各种彩色的小花伞、动物酒签等。一些香料，如面香、丁香、肉桂粉、豆蔻粉、苦精等既可以增加酒的味道，又可以起装饰作用。

三、鸡尾酒的分类

目前世界上常见的鸡尾酒有2000多种，并发展速度很快，而鸡尾酒的分类方法也各有不同，现将目前酒吧通行的分类方法介绍如下。

（一）按不同酒基分类

按照调制鸡尾酒酒基品种进行分类是种常见的分类方法，并且分类方法比较简单易记，主要有以下几种。

1. 以白兰地为基酒调制的鸡尾酒

如亚历山大（Alexander）、边车（Side Car）、白兰地苏打（Brandy Soda）、天堂（Paradise）等。

2. 以威士忌为基酒调制的鸡尾酒

如曼哈顿（Manhattan）、古典鸡尾酒（Old Fashioned）、海岸（Seaboard）等。

3. 以金酒为基酒调制的鸡尾酒

如红粉佳人（Pink Lady）、金汤力（Gin And Tonic）、马天尼（Martini）、新加坡金司令（Singapore Gin Sling）等。

4. 以伏特加为基酒调制的鸡尾酒

如咸狗（Salt Dog）、黑俄罗斯（Black Russian）、血腥玛丽（Blood Mary）、俄罗斯人（Russian）等。

5. 以朗姆酒为基酒调制的鸡尾酒

如黛克瑞（Daiquiri）、黑色龙卷风（Black Tornado）、最后之吻（The Last Kiss）、迈阿密（Miami）等。

6. 以特基拉为基酒调制的鸡尾酒

如玛格利特（Magarita）、蓝色玛格利特（Blue Magarita）、特基拉日出（Tequlia Sunrise）等。

7. 以中国白酒为基酒调制的鸡尾酒

如中国马天尼（Chinatini）、长城之光（The Light Of The Great Wall）、熊猫（Panda）、中国古典（China Classic）、中国彩虹（China Rainbow）等。

（二）按饮用时间和场合分类

鸡尾酒按照饮用时间和场合可分为餐前鸡尾酒、餐后鸡尾酒、佐餐鸡尾酒、睡前鸡尾酒和派对鸡尾酒等。

1. 餐前鸡尾酒

餐前鸡尾酒又称为开胃鸡尾酒，主要是在餐前饮用，起生津开胃的作用，这类鸡尾酒通常含糖量较少，口味或酸、或甘洌，即使是甜型餐前鸡尾酒，口味也不是十分甜腻。常见的餐前鸡尾酒有马提尼、曼哈顿及各类酸酒等。

2．餐后鸡尾酒

餐后鸡尾酒是餐后佐餐甜品，有助于消化，因而口味较甜，且酒中使用较多的利口酒，尤其是香草类利口酒，这类利口酒中掺入了诸多的药材，饮后能化解食物淤结，促进消化。常见的餐后鸡尾酒有B和B（B&B）、亚历山大（Alexander）等。

3．佐餐鸡尾酒

佐餐鸡尾酒是晚餐时佐餐用的鸡尾酒，一般口味较辣，酒品色泽鲜艳，而且非常注重酒品与菜肴口味的搭配，有些可以作为头盆汤的替代品。在一些较为正规和高雅的用餐场合，通常以葡萄酒佐餐，而较少使用鸡尾酒佐餐。

4．派对鸡尾酒

这是在一些聚会场合使用的鸡尾酒，其特点是非常注重酒品的口味和色彩搭配，酒精含量较低。派对鸡尾酒既可以满足人们实际的需要，又可以烘托派对的气氛，很受年轻人的喜爱，常见的有，特吉拉日出（Tequila Sunrise）、自由古巴（Cuba Libra）、马颈（Horse's Neck）等。

5．夏日鸡尾酒

这类鸡尾酒清凉爽口，具有生津解渴之功效，尤其是在热带地区或盛夏酷暑时饮用，味美怡神，香醇可口，如冷饮类、柯林类鸡尾酒。

（三）按鸡尾酒的构成和饮用方式分类

1．长饮（Long Drink）

长饮属于休闲鸡尾酒。在基酒的基础上，加上果汁、碳酸饮料等制作而成。一般使用平底玻璃杯或者果汁酒杯这种容量大的杯子盛装。饮用时间偏长而不影响其口味。与短饮相比酒精含量要少，所以适应面较广。长饮又可以分为冷饮和热饮两类。冷饮为消暑佳品；热饮为冬季饮用，杯中加热水或牛奶等。两者都可以长时间饮用。

2．短饮（Short Drink）

短饮即是短时间饮用的鸡尾酒。此酒一般采用摇和法或者搅和法制成，载杯多为鸡尾酒杯。短饮类的鸡尾酒不能存放时间过久，否则会使口味减弱。

（四）按酒精含量分类

1．含酒精类鸡尾酒

此类鸡尾酒中含酒精成分较高，一般使用蒸馏酒为基酒，加入利口酒等辅料制成的含酒精饮料。

2．不含酒精类鸡尾酒

不含酒精的鸡尾酒又可以称为特饮。指在制作过程中以果汁、碳酸饮料为主要原料，不加入或加入含量很少的利口酒调制出来的饮料。

（五）根据鸡尾酒的配制特点分类

1．亚历山大（Alexander）类

以鲜奶油、咖啡利口酒或可可利口酒加烈性酒配制的短饮类鸡尾酒。用摇酒器混合而成，装在鸡尾酒杯内。名品有：亚历山大（Alexander）、金亚历山大（Gin Alexander）等。

2．哥连士（Collins）类

有时称作"考林斯"，属于长饮类鸡尾酒。它由烈性酒加柠檬汁、苏打水和糖等调配而成，用高杯盛装。名品有：白兰地哥连士（Brandy Collins）、汤姆哥连士（Tom Collins）等。

3．柯林（Cooler）类

"柯林"又名"清凉饮料"，属于长饮类鸡尾酒。它由蒸馏酒加上柠檬汁或青柠汁，再加上姜汁汽水或苏打水组成，以海波杯或柯林杯（冷饮杯）盛装。名品有：威士忌柯林（Whisky Cooler）、高

地柯林（Highland Cooler）、兰姆柯林（Rum Cooler）等。

4. 菲士（Fizz）类

菲士与哥连士类鸡尾酒很相近。以金酒加柠檬汁和苏打水混合而成，用海波杯或冷饮杯盛装，属于长饮类鸡尾酒。有时菲士中加入生蛋清或蛋黄，与烈性酒、柠檬汁一起放入摇酒器中混合，使酒液起泡，最后再加大苏打水。目前，也可用其他烈性酒或利口酒代替金酒来配制此类酒。名品有：金色菲士（Gin Fizz）、银色菲士（Silver Fizz）、皇家菲士（Royal Fizz）等。

5. 漂漂（Float）类

漂漂类鸡尾酒，也称"彩虹鸡尾酒"。它是根据酒水的比重或密度，以比重较大的酒水在下面，比重较小的酒水在上面的原理，用几种不同颜色的酒调制而成的鸡尾酒。这种酒的调制方法是：先将含糖量最大（即比重最大）的酒或果汁倒入杯中，再按其比重由大至小的顺序依次沿着吧匙背和杯壁轻轻地将其他酒水倒入杯中，不可搅动，使各色酒水依次漂浮，分出层次，呈彩带状等。彩虹鸡尾酒常以利口酒杯或彩虹酒杯盛装。漂漂类鸡尾酒中的多数品种属于短饮类鸡尾酒，也有一些属于长饮类鸡尾酒。名品有：天使之吻（Angle's Kiss）、B和B（B&B）、法国彩虹酒（French Cafe）。

6. 海波（High ball）类

海波类鸡尾酒，也称"高球类鸡尾酒"，前者是英文的音译，后者是英文的意译。这类鸡尾酒的酒精含量较低，属于长饮类鸡尾酒。它以白兰地或威士忌等烈性酒或葡萄酒为基酒，加入苏打水或姜汁汽水，在饮用杯中用调酒棒搅拌而成，装在加冰块的海波杯中。名品有：威士忌苏打（Whisky Soda）、金汤力（Gin Tonic）、兰姆可乐（Rum Coke）、自由古巴（Cuba Libra）等。

7. 马丁尼（Martini）类

马丁尼类鸡尾酒，属于短饮类鸡尾酒。它以金酒为基酒，加入少许味美思酒或苦酒及冰块，直接在酒杯或调酒杯中用吧匙搅拌而成。以鸡尾酒杯盛装，在酒杯内放一个橄榄或柠檬皮作为装饰。名品有：干马丁尼（Dry Martini）、甜马丁尼（Sweet Martini）、马丁尼（Martini）等。

8. 司令（sling）类

司令类鸡尾酒是人们喜爱的一种长饮类鸡尾酒。以烈性酒加柠檬汁、糖粉和矿泉水或苏打水配制而成，有时加入一些调味的利口酒。其配制方法是先用摇酒器、柠檬汁、糖粉摇匀后，再倒入加有冰块的海波杯中，然后加苏打水或矿泉水。以高杯或海波杯盛装，也可以在饮用杯内直接调配。名品有：新加坡司令（Singapore Sling）、白兰地司令（Brandy Sling）、金司令（Gin Sling）等。

9. 酸酒（sour）类

以烈性酒为基酒加入柠檬汁或橙汁，经调酒器混合而成的短饮类鸡尾酒。通常，酸酒类中的酸味原料比其他类型的鸡尾酒多一些。酸味鸡尾酒中的酸味来自柠檬汁、橙汁、其他水果汁和带有酸味的利口酒，以酸酒杯或海波杯盛装。名品有：威士忌酸酒（Whisky Sour）、金酸酒（Gin Sour）等。酸酒可作为开胃酒。

四、鸡尾酒的命名

鸡尾酒的命名方法很多，也很灵活，了解和研究鸡尾酒的命名方法，有利于控制酒水质量，开发新的酒水产品。常用的鸡尾酒命名方法有以下几种。

（一）以鸡尾酒的原料名称命名

1. B和B（B&B）

该鸡尾酒名称中的两个英文字母分别代表了两种原料名称，即白兰地（Brandy）和修士酒（Benedictine D.O.M）。

2. 金汤力（Gin Tonic）

该鸡尾酒是由"金酒"（Gin）和"汤力水"（Tonic）两种原料配制而成。

（二）以鸡尾酒的基酒名称加上鸡尾酒种类的名称命名

1. 白兰地亚历山大（Brandy Alexander）

"白兰地"（Brandy）是以葡萄发酵蒸馏而成的蒸馏酒；"亚历山大"（Alexander）是短饮类鸡尾酒中的一个种类。

2. 金菲士（Gin Fizz）

"金酒"（Gin）是以谷物和杜松子等为原料蒸馏而成的无色烈性酒；菲士（Fizz）是鸡尾酒中的一个种类。

（三）以鸡尾酒的种类名称加上它的口味特色命名

1. 干马丁尼（Dry Martini）

"Martini"是短饮类鸡尾酒的一个种类，而"Dry"的含义是"不带甜味"。

2. 甜曼哈顿（Manhattan Sweet）

"Manhattan"是短饮类鸡尾酒中的一个种类，"Sweet"的含义是"甜味的"。

（四）以著名的人物或人的职务名称命名

"戴安娜"（Diana）是希腊神话故事中的女神。这种鸡尾酒是以波特酒杯盛装。先在杯中放大碎冰块，然后放30毫升白色薄荷酒，再放入10毫升白兰地酒，酒液呈浅黄褐色并带有薄荷香味。

（五）以著名的地点和单位名称命名

1. "弗吉尼亚"（Virginia）

是美国一个州的州名，它位于美国的东海岸，是个风景秀丽的地方。这种以旅游地地名命名的鸡尾酒颜色美观，味道略甜。它以45毫升的千金酒和15毫升的柠檬汁，再加上2滴石榴汁混合，放入鸡尾酒杯中，是夏季人们常饮用的鸡尾酒。

2. 哈佛（Harvard）

是以大学名称而命名的鸡尾酒。哈佛大学是世界著名的大学。该酒以30毫升白兰地酒加上30毫升干味美思酒及1滴苦酒，与少量糖粉混合而成，倒入鸡尾酒杯中。由于该鸡尾酒的酒精度适中，口味清淡，适合很多人饮用。因此，像世界著名的大学"哈佛"一样，它可满足世界各地人们的需求。

（六）以鸡尾酒的形象命名

1. 马颈（Horse's Neck）

是以鸡尾酒的装饰物命名的。切成螺旋状的柠檬皮挂在杯内，很像马的身体，而挂在酒杯边缘上的柠檬皮很像马的头部和颈部。

2. "红粉佳人"（Pink lady）

是以金酒、柠檬汁和生鸡蛋清等为原料配制的鸡尾酒。它以粉红色漂着白色泡沫展现在人们面前，再加上红色樱桃和青柠檬皮作装饰，显得格外漂亮，因此而得名。

五、鸡尾酒的调制方法

（一）鸡尾酒的调制原理

鸡尾酒主要是以烈性酒作为基酒，加入辅料，用附加料调香、调味并饰上装饰物的一种饮品。美国著名评酒专家恩伯里（Embury）认为，一份完美的鸡尾酒必须具备以下条件。

1. 鸡尾酒是增进食欲的滋润剂

鸡尾酒酸甜苦辣、五味俱全，尤其是在餐前饮用，可以起到生津开胃、促进食欲的作用。因此，无论使用何种材料，包括用大量果汁来调配鸡尾酒，也不应该脱离鸡尾酒的这一基本范畴，更不能背道而驰。

2. 鸡尾酒能创造热烈的气氛

巧妙调制的鸡尾酒是多么完美的饮品，享用鸡尾酒既能缓解紧张的神经，增强血液循环，消除疲劳，同时，饮后还能使人兴奋，心情舒畅，增进友谊。因此，鸡尾酒中如果掺入过多的水分就会失去这样的功效。

3. 鸡尾酒必须口味卓绝

鸡尾酒口味如果太甜、太苦或太香，就会掩盖品尝酒味的能力，降低鸡尾酒的品质。

4. 鸡尾酒必须充分冰冻

鸡尾酒通常使用高脚杯装载，调制时需加冰，加冰量应严格按照配方控制，冰块要融化到要求的程度。

鉴于此，在鸡尾酒的调制过程中，应遵循如下原理：

（1）鸡尾酒的基酒、辅料和装饰物等之间的风格要基本和谐。

（2）调制时，中性风格的烈性酒，可以与绝大多数风格和滋味各异的酒品、饮料相配，调制成鸡尾酒。从理论上讲，鸡尾酒是一种无限种酒品之间相互混合的饮料，这也是鸡尾酒的一个显著特征。

（3）风格、滋味相同或近似的酒品相互混合调配，是鸡尾酒调制的一个普遍规律。

（4）风格、味型突出并地处的酒品，如果香型、药香型，一般不适宜相互混合。

（5）用碳酸类汽水或有泡的酒品调制鸡尾酒时，不得采用摇荡法，应采用兑和法或调和法。

（6）调制鸡尾酒时，投料的前后顺序以"冰块→辅料→基酒"为宜，采用电动搅拌机调制鸡尾酒时，冰块或碎冰通常是最后才加入的。

（7）调制好的鸡尾酒应充分冰凉到具体酒品所需的程度。

（8）鸡尾酒的装饰应根据具体情况而定，不需装饰的鸡尾酒，不要画蛇添足；需要装饰的鸡尾酒应与其色、香、味、型等风格一致。

（二）鸡尾酒的调制方法

1. 英式调酒

英式调酒是一门技术，也是一门文化。它是技术与艺术的结晶，是一项专业性很强的工作。调酒为人们提供了视觉、嗅觉、味觉和精神等方面的享受。酒的色、香、味、型、格以及营养保健等方面是体现调酒师技术水平高低的重要标准。英式调酒的工作环境大都是在中高档高雅舒适安静的酒吧，这些酒吧大多数都播放或现场吹弹高雅经典流行的萨克斯、钢琴、小提琴、爵士等音乐，主要接待和服务社会中上流有品位的人士。其调制方法通常有以下几种。

图2-4-1 摇和法

（1）摇和法（Shake） 摇和法也称摇晃法或摇荡法（图2-4-1），其制作过程是先将冰块放入调酒壶（Cocktail Shaker），接着加入各种辅料和配料，再加入基酒，然后盖紧调酒壶，双手（或单手）执壶摇晃片刻（一般为5～10秒，至调酒壶外表起霜时停止）。摇匀后，立即打开调酒壶用滤冰器（Strainer）滤去残冰，将饮料倒入鸡尾酒杯中，用合适的装饰物加以点缀即为成品。值得注意的是有汽酒水不宜加入调酒壶摇晃，而应在基酒等材料摇晃均匀后，再行加入。如：红粉佳人。

（2）调和法（Stir） 调和法也称搅拌法，其制作过程是先将冰块或碎冰加入酒杯（载杯）或调酒杯（Mixing Glass），再加入基酒和辅料，用调酒棒（Swizzler）或调酒匙（Bar Spoon）沿着一个方向轻轻搅拌，使各种原料充分混合后加装饰物点缀而为成品。如在调酒杯中调制的鸡尾酒，也须滤冰后倒入合适的载杯，然后加以装饰。如：清凉世界。

（3）搅和法（Blend）　搅和法的调制过程是将碎冰、辅料和配料、基酒放入电动搅拌机（Blender）中，开动搅拌机运转10秒左右，使各种原料充分混合后倒入合适的载杯（无须滤冰），用装饰物加以点缀。如：绿野仙踪。

（4）兑和法（Build Float）　兑和法的调制过程是将配方中的酒水按其密度（含糖量）不同逐一慢慢地沿着调酒棒或调酒匙倒入酒杯，然后加以装饰点缀而成（图2-4-2）。漂浮法主要用于调制各款彩虹鸡尾酒。调制时要求酒水之间不混合，层次分明，色彩绚丽。调制关键是要熟悉各种酒水的密度，应将密度大的酒水先倒入杯中，密度小的后加入。如：B52。

图2-4-2　兑和法

2．花式调酒

花式调酒也称美式调酒。目前国际上所谓的花式调酒师主要是学习研究各种调酒动作和表演技巧，例如酒瓶和调酒杯（听）的各种调酒表演技巧等，还会经常在调酒动作表演技巧的过程中吸收加入一些舞蹈、杂技、魔术等表演来促进酒吧的气氛，酒的色、香、味、型、格等倒在其次，好像并不重要了。花式调酒的工作环境是一些演艺酒吧或是一些中低档的酒吧，这些酒吧主要是以节目表演为主，有些像慢摇吧、迪吧，主要接待和服务社会大众人士。

（三）鸡尾酒调制的规范动作

1．摇和法的规范动作

采用"摇和"手法调酒的目的有两种：一是将酒精度高的酒味压低，以便容易入口；二是让较难混合的材料快速地融合在一起。因此在使用调酒壶时，应先把冰块及材料放入壶体，然后加上滤网和壶盖，最后摇匀。调制时滤网必须放正，否则摇晃时壶体的材料会渗透出来。

（1）单手摇壶法的规范动作　单手摇壶法适用于小号和中号的标准调酒壶（250毫升和350毫升）。

①　在调酒器中装入少量冰块，正确量好所需材料，依次倒入调酒器中。套上过滤网，盖上盖子，用右手或左手食指顶住壶盖，大拇指及中指、无名指、小拇指分别环绕在调酒壶两侧。

②　摇动调酒壶（手腕左右摇动的同时，这个手臂要上下呈"S"形或者"8"字形摇动轨迹，循环往返。其间，冰块在壶体中发出铿锵的节奏声）5～6秒，如果壶中有鸡蛋、奶油等材料，则增加摇动次数至8秒左右。

③　打开摇酒壶，滤出酒液。

（2）双手摇壶法的规范动作　双手摇晃法适用于大号调酒壶（530毫升）。

①　在调酒器中装入少量冰块，正确量好所需材料，依次倒入调酒器中。套上过滤网，盖上盖子，用右手大拇指紧压盖顶，用无名指与小指夹住调酒壶，用中指与食指指前端压住调酒壶。其次，以左手的中指与无名指抵住调酒壶底部，以左手的大拇指压住过滤网下方的位置，以食指与小指夹住调酒壶壶身（为了保持调酒器中的冰块不被手温影响而融化，手掌绝不可贴住调酒壶壶身）。

②　摇动的方法有两种，一种是水平前后晃动，另一种是斜向上下摇动。水平前后摇动时，双手拿着调酒壶，移至肩膀与胸部的正中位置，保持水平，前后做有韵律的5～6秒运动。如果添加蛋、奶油等材料，则至少要用力运动8秒左右。

斜向上下摇动时双手拿着调酒壶，移至右肩前方，壶底向上，在右胸前做斜线上下摇动，摇动时间与前者同。

③　摇动结束后，取下调酒壶盖子，用食指紧压住过滤网上方以防脱落，将调好的酒倒入杯中饮用。

2．调和法的规范动作

（1）调酒杯中预先放入适量的冰块，正确量好材料用量，依顺序倒入杯中。

（2）用吧匙搅拌的要领是用左手手指压住调酒杯底部，吧匙的螺旋状部位夹在右手中指与无名指之间，大拇指与食指轻轻夹在上方，以中指与无名指用力往右的方向（顺时针）搅动10～15次。搅拌时，吧匙应保持抵住杯底的状态。当左手指感觉冰凉，调酒杯外有水汽溢出，搅拌即应停止。

（3）搅拌完成欲取出吧匙时，吧匙的背部要朝上再取出。

（4）将滤冰器盖在调酒杯口上，用右手食指压住滤冰器，其他手指则紧紧压住调酒杯身，将调好的酒滤入事先准备的载杯中。

3. 搅和法的规范动作

用搅拌机调酒，操作比较容易，只要按顺序将所需材料先放入搅拌机内，封严盖顶，启动一下电源开关即可。不过，在调好的鸡尾酒倒入载杯时，要注意不要把冰块随之倒进，必要时可用滤冰器先将冰块滤掉。

4. 漂浮法的规范动作

（1）调制时，相对密度大的酒水先倒入，相对密度小的后倒入，无糖分的放在最后。如果不按顺序斟注，或两种颜色的酒水的含糖量相差甚少，就会使酒水混合在一起，配置不出层次分明、色彩艳丽的多色彩虹酒。

（2）操作时，不可将酒水直接倒入杯中。为了减少倒酒时的冲力，防止色层溶合，可用一把长柄匙斜插入杯内，匙背朝上，紧贴载杯内壁，再依序把各种酒水沿着匙背缓缓倒入，使酒水从杯内壁缓缓流下。

（3）可在调制成的彩虹酒上点燃火焰，以增加欢乐的气氛。

5. 传瓶（Pass the drinks）的规范动作

把酒瓶从酒柜或操作台上传到手中的过程，传瓶一般有从左手传到右手或从下方传到上方两种情形。用左手拿瓶颈部传到右手，用右手拿住瓶的中间部位，或直接用右手从瓶的颈部上提至瓶中间部位，要求动作快、稳。

6. 示瓶（Display the drinks）的规范动作

把酒瓶展示给客人。用左手托住瓶下底部，右手拿住瓶颈部，呈45°角把商标面向客人。传瓶至示瓶是一个连贯的动作。

7. 开瓶（Open the drinks）的规范动作

用右手拿住瓶身，左手中指逆时针方向向外拉酒瓶盖，用力得当时可一次拉开。并用左手虎口即拇指和食指夹起瓶盖。开瓶是在酒吧没有专用酒嘴时使用的方法。

8. 量酒（Measure the drinks）的规范动作

开瓶后立即用左手中指和食指夹起量杯（根据需要选择量杯大小），两臂略微抬起呈环抱状，把量杯放在靠近容器的正前上方约3.3厘米处，量杯要端平。然后右手将酒倒入量杯，倒满后收瓶口，右手同时将酒倒进所用的容器中。用左手拇指顺时针方向盖盖，然后放下量杯和酒瓶。

9. 握杯（Hold the glasses）的规范动作

平底无角杯如古典杯、海波杯、哥练士杯等平底杯应握杯子下底部，切忌用手掌拿杯口。高脚杯或脚杯应拿细柄部。白兰地杯用手握住背身，通过手传热使其芳香溢出（指客人饮用时）。

10. 上霜的规范动作

上霜又称雪糖杯型或雪霜杯型，是指在杯口沾上糖粉或盐粉。具体操作如下：用柠檬皮均匀擦拭杯口，然后将杯口倒置放入糖粉或盐粉中，最后轻轻提起，把酒杯反过来正常放置。

六、调制鸡尾酒的步骤和注意事项

（一）调制鸡尾酒的步骤

一般鸡尾酒的调制步骤如下：

（1）根据具体酒品，选择合适的载杯。

（2）杯中放入适量的大小合适、形状一致的冰块（有的鸡尾酒这个环节可以不需要）。

（3）确定鸡尾酒的调制方法，选择调酒工具，如调酒壶、调酒杯、吧匙等。

（4）在调酒壶或调酒杯中放入冰块。

（5）量入辅料，最后量入基酒。

（6）按照规范动作调制鸡尾酒。

（7）根据具体情况，适当装饰。

（8）规范服务。

（二）调制鸡尾酒的注意事项

（1）在调制鸡尾酒之前，应将所需材料和一切用具准备好，并摆好位置；杯具、器具要用餐巾擦拭光亮，各种酒的瓶子也应擦拭干净；当着客人的面操作时，酒瓶商标应朝向客人。否则，在调制过程中，如果再耗费时间去找酒杯或某一材料，那是调不出一杯高质量鸡尾酒的。

（2）调酒师要按规定着装。一般应穿长袖白色衬衣，结领花，穿马甲，裤子和鞋子应与衣服配套协调；头发要梳理整齐；不允许留长指甲，双手要洗干净。

（3）调酒用的基酒及配料的选择，应以物美价廉为原则。

（4）调酒用的材料应是新鲜而质地良好的，特别是蛋、奶及不含防腐剂的浓缩果汁等原料容易变质，应储存在冰箱内；各类酒品应按要求加以冰镇或常温保存。特别注意始终要在一个单独的杯子中打开鸡蛋，以检查其新鲜程度。

（5）要储备大小不规格的冰块，根据配方要求用冰、冰块、碎冰、冰霜等，不可混淆。应选用新鲜的冰块，新鲜冰块质地纯净、坚硬，不易融化。避免重复用冰，凡使用过的冰块一律不准再用。冰块上有结霜现象时，可用温水除去。

（6）为了使各种材料混合，应尽量多选用糖浆、糖水，尽量少用糖块、砂糖等难溶于果汁的材料。如果是糖块或砂糖，应先把糖放入杯内，用一点水或苏打水、苦精等搅溶后再加其他料。

（7）要严格按照配方要求投放原料，以确保酒品的风格和质量；要注意合理使用辅料，不能喧宾夺主，随心所欲。

（8）下料的程序要遵守先冰块，后辅料，最后基酒的原则。这样即使在调制过程中出了差错，损失也不会太大，而且冰块不会很快融化。

（9）备好足够的调酒器具，用完的器具，尤其是调酒壶和量杯要立即清洗干净待用。每做完一道鸡尾酒后应清洗一次，以免不同的材料互相掺杂，影响酒品质量。同时，调酒师必须保持一双非常干净的手，因为在许多情况下是需要用手来直接制作的，手是客人注视的焦点。

（10）要在调制鸡尾酒之前，将酒杯和所用的材料预先备好，以方便使用。调酒器具要经常保持干净、清洁，以便随时取用而不影响连续操作。

（11）要养成使用量酒器的习惯，以保证你所调制的酒的风格与品味的纯正。

（12）在使用玻璃调酒器具时，如果当时室温较高，使用前应将冷水倒入杯中，然后加入冰块，将水滤掉，再加入调酒材料进行调制。其目的是防止冰块直接进入调酒杯，产生骤热骤冷的变化而使玻璃破裂。

（13）鸡尾酒调制完毕，应立即滤入载杯。绝大多数鸡尾酒要现调现喝，调完之后不宜放置太长时间，否则失去其应有的韵味。

（14）调制热饮酒，酒温不可超过78℃，饮酒精的沸点是78.3℃。

（15）斟倒鸡尾酒时，以八分满为宜，过分满杯不仅服务、品饮不方便，而且外观也不美。若太少又会显得非常难堪。而且，酒杯要保持光洁明亮、一尘不染。要始终拿杯柄或底部，手不要靠近杯口，更不可伸进杯里。

（16）在调酒中"加满苏打水或矿泉水"这句话是针对容量适宜的酒杯而言，根据配方的要求，最后加满苏打水或其他饮料。对于容量较大的酒杯，则要掌握添加量的多少，一味地"加满"，只会使酒变淡。

（17）鸡尾酒中所使用的蛋清，实际是为了增加酒的泡沫和调节酒的颜色，对酒的味道不会产生影响。

（18）柠檬、橙子等水果在榨汁前，用热水浸泡数分钟，可榨出更多的果汁；制作糖浆，糖粉与水的比例为3∶1。

（19）每次调制以一份量为宜，有意加大用量，以节省人工和操作次数，是不合时宜的。

（20）调制一杯以上的酒，浓淡要一样。具体做法可将酒杯都排在操作台上，先往各杯倒入一半，然后再一次倒满，公平分配，使酒色、酒味不至于有浓淡的区别（避免了由于手掌温度使调酒器里的冰块融化而造成酒前后浓度不均等不利因素）。

（21）摇酒壶里如有剩余的酒，不可长时间地在调酒壶中放置，应尽快滤入干净的酒杯中，以备他用。

（22）用水果作装饰时，不宜切片太薄，用果皮装饰时，果皮内层的白囊要切除。装饰的水果可预先切好，用保险纸或干净的湿毛巾覆盖，放在冰箱内备用。在调酒操作过程中，应尽量避免直接用手接触装饰物。

（23）酒瓶快空时，应开启一瓶新酒，不要在客人面前显示出一只空瓶，更不要用两个瓶里的同一酒品来为客人调制同一份鸡尾酒。

（24）调制完毕，一定要养成将瓶子盖紧并复位的好习惯。

（25）调完一杯鸡尾酒规定时间是1分钟。吧台的实际操作中要求一位调酒师在1小时内能为客人提供80～120杯饮品。调制动作要规范、迅速、美观。

（26）装饰是最后一道环节，装饰物应与酒品的风格一致。

（27）酒吧匙、量杯在用完洗净之后，应放在一个盛满清水的容器中备用。

（28）因调酒师的手忙脚乱而产生的酒杯咣啷声和酒瓶的碰撞声，能使客人对你以及你所调出的酒产生一种不信任感。

（29）一个好的调酒师要随身带着螺丝开瓶器、打火机、笔等用品。

（30）对于比较陌生或模棱两可的酒，你可以虚心向客人讨教，使客人当一回老师的角色，你既可以学到新的知识，又可以提高酒吧的声誉和收入。

（31）鸡尾酒的创新是每一个调酒师的愿望，配方要简单、易记、实用性强，口味以及客人能接受并喜欢为第一标准。

七、世界上著名的鸡尾酒配方

（一）彩虹酒制作配方

1．五色彩虹酒

材料：红石榴汁、绿薄荷、樱桃白兰地、君度、白兰地。

数量：每款酒约五分之一盎司。

制法：将以上原料按照先后顺序以兑和法方式倒入利口杯即可（图2-4-3～图2-4-6）。

2．七色彩虹酒

材料：红石榴汁、绿薄荷、白薄荷、蓝香橙、加利安奴、君度、白兰地。

数量：每款酒约七分之一盎司。

制法：将以上原料按照先后顺序以兑和法方式倒入利口杯即可。

图2-4-3　五种原料

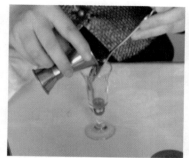

图2-4-4　第一层红石榴汁

图2-4-5　第二层绿薄荷（兑和法）

图2-4-6　无色彩虹酒

（二）英式著名鸡尾酒配方

1．白兰地类

（1）白兰地亚历山大（Brandy Alexander Cocktail）

基酒：　　白兰地　　　　　　2/3盎司

辅料：　　棕色可可甜酒　　　2/3盎司

　　　　　鲜奶油　　　　　　2/3盎司

制法：将上述材料加冰块充分摇匀，滤入鸡尾酒杯后用一块柠檬皮拧在酒杯里面，再用一颗樱桃进行装饰并在酒面撒上少许豆蔻粉。

（2）边车（Side Car）

基酒：　　白兰地　　　　　　1.5盎司

材料：　　橙皮香甜酒　　　　1/4盎司

　　　　　柠檬汁　　　　　　1/4盎司

制法：将上述材料摇匀后注入鸡尾酒杯，饰以红樱桃。这款鸡尾酒带有酸甜味，口味非常清爽，能消除疲劳，所以适合餐后饮用。

（3）马颈（Horse's Neck）

基酒：　　白兰地　　　　　　1.5盎司

辅料：　　干姜水　　　　　　适量

制法：用调和法，先将冰块放进柯林杯中，倒入白兰地；加满干姜水，用酒吧匙搅拌，最后用果刀小心地像削苹果似的将整个柠檬皮削下来，不能断裂，放入杯内，另一端挂在杯边装饰。

2．威士忌类

（1）干曼哈顿（Dry Manhattan）

基酒：　　黑麦威士忌　　　　1盎司

辅料：　　干味美思　　　　　2/3盎司

　　　　　安哥斯特拉苦精　　1滴

制法：在调酒杯中加入冰块，注入上述材料，搅匀后滤入鸡尾酒杯，用樱桃装饰。

（2）生锈钉（Rusty Nail）

基酒：　　苏格兰威士忌　　　1盎司

辅料：　　杜林标甜酒　　　　1盎司

制法：将碎冰放入老式杯中，注入上述材料慢慢搅匀即成。这是著名的鸡尾酒之一，四季皆宜，酒味芳醇，且有活血养颜之功效。

（3）古典鸡尾酒（Old fashioned）

基酒：　　威士忌　　　　　　1.5盎司

辅料：　　方糖　　　　　　　1块

　　　　　苦精　　　　　　　1滴

　　　　　苏打水　　　　　　2匙

制法：在老式杯中放入苦精、方糖、苏打水，将糖搅拌后加入冰块、威士忌，拧入一片柠檬皮，并饰以橘皮和樱桃。这也是著名的鸡尾酒品种，酸甜适中，很受欢迎。

3．金酒类

（1）干马天尼（Dry Martini）

基酒：　　　金酒　　　　　　1.5盎司

辅料：　　　干味美思　　　　5滴

制法：加冰块搅匀后滤入鸡尾酒杯，用橄榄和柠檬皮装饰。

（2）吉普森（Gibson）

基酒：　　　金酒　　　　　　1盎司

辅料：　　　干味美思　　　　2/3盎司

制法：将上述材料加冰摇匀后滤入鸡尾酒杯，然后放大一颗小洋葱。它的别名为"无苦汁的马天尼"，饮用时可放入柠檬皮，口味更加清爽。

（3）红粉佳人（Pink lady）

基酒：　　　金酒　　　　　　1.5盎司

辅料：　　柠檬汁　　　　　　1/2盎司

　　　　　石榴糖浆　　　　　2茶匙

　　　　　蛋白　　　　　　　1个

制法：将酒料加冰摇匀至起泡沫，后滤入鸡尾酒杯，以红樱桃点缀；这是颇负盛名的鸡尾酒，就如同粉红色的佳人一样，很受女士们的欢迎。这种酒颜色鲜红美艳，酒味芳香，入口润滑，适宜四季饮用。

（4）金菲士（Gin Fizz）

基酒：　　　金酒　　　　　　2盎司

辅料：　　君度酒　　　　　　2盎司
　　　　　鲜柠檬汁　　　　　2/3盎司
　　　　　蛋白　　　　　　　1个
　　　　　糖粉　　　　　　　2茶匙
　　　　　苏打水　　　　　　适量

　　制法：将碎冰放大调酒壶，注入酒料，摇匀至起泡沫，倒入高球杯中，并在杯中注满苏打水。这种鸡尾酒酒香味甜，入口润滑，常饮可消除疲劳，振奋精神，尤其适宜夏季饮用。

　　（5）新加坡司令（Singapore Gin Sling）

基酒：　　金酒　　　　　　　1.5盎司
辅料：　　君度酒　　　　　　1/4盎司
　　　　　石榴糖浆　　　　　1盎司
　　　　　柠檬汁　　　　　　1盎司
　　　　　苦精　　　　　　　2滴
　　　　　苏打水　　　　　　适量

　　制法：将各种酒料加冰块，摇匀后滤入柯林杯内，并加满苏打水，用樱桃和柠檬片装饰。这种鸡尾酒适宜暑热季节饮用，酒味甜润可口，色泽艳丽。

　　4．伏特加类

　　（1）螺丝钻（Screw driver）

基酒：　　伏特加　　　　　　1.5盎司
辅料：　　鲜橙汁　　　　　　4盎司

　　制法：将碎冰置于阔口矮型杯中，注入酒和橙汁，搅匀，以鲜橙点缀，这是一款世界著名的鸡尾酒，四季皆宜，酒性温和，气味芬芳，能提神健胃，颇受各界人士欢迎。

　　（2）血玛丽（Bloody Mary）

基酒：　　伏特加　　　　　　1.5盎司
辅料：　　番茄汁　　　　　　4盎司
　　　　　辣酱油　　　　　　1/2茶匙
　　　　　精盐　　　　　　　1/2茶匙
　　　　　黑胡椒　　　　　　1/2茶匙

　　制法：在老式杯中放入两块冰块，按顺序在杯中加入伏特加和番茄汁，然后再撒上辣酱油、精细盐、黑胡椒等，最后放一片柠檬片，用芹菜秆搅匀即可。这是一款世界流行鸡尾酒，甜、酸、苦、辣四味俱全，富有刺激性，夏季饮用可增进食欲。

　　（3）环游世界（Around the World）

基酒：　　伏特加　　　　　　1.5盎司
辅料：　　菠萝汁　　　　　　4.5盎司
　　　　　绿薄荷酒　　　　　1盎司

　　制法：用调和法，先放半杯冰块到柯林杯中，用量杯将伏特加、菠萝汁量入杯中，酒吧匙搅拌后，倒入绿薄荷酒，不再搅拌，让绿薄荷酒沉入底部，效果是上面黄色、下面绿色。然后把菠萝角切成1厘米厚，1/4圆片，连皮一起更好看，用酒签穿上红樱桃连菠萝角，挂在杯边，一束薄荷叶放入杯中。

　　（4）咸狗（Salty Dog）

基酒：　　伏特加酒　　　　　1.5盎司
辅料：　　西柚汁　　　　　　1盎司

制法：用调和法，先用一片柠檬擦平底杯杯口，然后倒转杯子在盐碟中轻转，让杯口蘸满盐，加冰块到杯中，再用量杯将伏特加，西柚汁量入杯中，用酒吧匙搅拌均匀。不用装饰。

5．朗姆酒类

（1）百家地（Bacardi）

基酒： 百家地朗姆酒 1/5盎司

辅料： 鲜柠檬汁 1/4盎司

石榴糖浆 3/4盎司

制法：将冰块置于调酒壶内，注入基酒、石榴糖浆和柠檬汁充分摇匀，滤入鸡尾酒杯，以一颗红樱桃点缀。

（2）自由古巴（Cuba Liberty）

基酒： 深色朗姆 1/2盎司

辅料： 可口可乐 1瓶

制法：在高球杯内加入三块冰块，并放大一片柠檬片，然后加入朗姆酒，用可乐加满酒杯。这是一种内容非常丰富的饮料，如用淡色朗姆代替深色朗姆，那么它的香气就会被可口可乐的味道盖过去，所以最好是使用香气较强的深色朗姆酒。这种酒酒味香醇甜美，宜夏天饮用，更适合酒量浅的人饮用，有去疲劳助消化、促进新陈代谢之功效。

6．特基拉类

（1）玛格丽特（Margarita Cocktail）

基酒： 特基拉酒 1盎司

辅料： 橙皮香甜酒 1/2盎司

鲜柠檬汁 1盎司

制法：先将浅碟香槟杯用精细盐圈上杯口待用，并将上述材料加冰摇匀后滤入杯中，饰以一片柠檬片即可。

（2）特基拉日出（Tequila Sunrise）

基酒： 特基拉酒 1盎司

辅料： 橙汁 适量

石榴糖浆 1/2盎司

制法：在高脚杯中加适量冰块，量入特基拉酒，满橙汁，然后沿着杯壁放入石榴糖浆，使其沉入杯底，并使其自然升起呈太阳喷薄欲出状。

7．其他类

青草蜢（Grass hopper Cocktail）

材料： 白可可甜酒 2/3盎司

绿薄荷甜酒 2/3盎司

鲜奶油（或炼乳）2/3盎司

制法：将上述材料充分摇匀，使利口酒与鲜奶油能充分混合，滤入鸡尾酒杯，用一颗樱桃进行装饰。

（三）美式著名鸡尾酒配方

1．长岛冰茶（Long Island Tea）

材料： 1/3盎司伏特加 1/3盎司朗姆酒 1/3盎司橙皮酒 1/4盎司金酒

1/4盎司特基拉 1盎司酸甜汁 1盎司七喜 1盎司可乐

冰茶适量

载杯： 特饮杯（飓风杯）

调法：烈酒和酸甜汁摇匀，然后加入七喜、可乐和冰茶即可。

2．波斯猫（Pussy Foot）

材料：　　1盎司金酒（可不用基酒）　　　　2盎司橘汁　　　　1.5盎司菠萝汁
　　　　　0.5盎司红石榴汁　　　　　　　　0.5盎司蛋黄酒　　　七喜适量

载杯：特饮杯

调法：除七喜外的原料加入冰块放入美式调酒壶中摇匀，倒入载杯中加入七喜至八分满搅匀即可。

3．好莱坞之夜（Hollywood Night）

材料：　　1.5盎司马利宝　　0.5盎司蜜瓜酒　　0.5盎司菠萝汁　　　柠檬装饰

载杯：鸡尾酒杯

调法：将上述原料放入美式摇酒壶中摇匀，滤入鸡尾酒杯中，柠檬装饰即可。

4．蜜瓜球（Melon Ball）

材料：　　1盎司伏特加酒　　0.5盎司蜜瓜酒　　0.5盎司橙汁　　　　车厘子装饰

载杯：鸡尾酒杯

调法：将上述原料倒入加有冰块的美式调酒壶内，摇匀后滤入鸡尾酒杯中，以车厘子装饰即可。

5．蓝色电波（Electric Lemonade）

材料：　　1盎司伏特加酒　　0.5盎司蓝香橙　　2盎司酸甜汁　　　雪碧适量
　　　　　柠檬装饰

载杯：特饮杯

调法：将酒、酸甜汁、冰块倒入美式调酒壶中，摇匀后滤入特饮杯中，再注满雪碧，以柠檬装饰即可。

6．哈瓦那之光（Lights Of Havana）

材料：　　1盎司马利宝　　1盎司蜜瓜酒　　1.5盎司橙汁　　　1.5盎司菠萝汁
　　　　　苏打水适量

载杯：海波杯

调法：将上述原料（苏打水除外）倒入加有冰块的美式调酒壶内。摇匀后滤入海波杯，最后注满苏打水即可。

7．牧师特饮（Parson's Special）

材料：　　1盎司橙汁　　0.5盎司红石榴汁　　苏打水适量　　　1个蛋黄

载杯：海波杯

调法：将橙汁、红石榴汁、蛋黄倒入加有冰块的美式调酒壶内，摇匀后滤入海波杯，最后注满苏打水，配以吸管即可。

8．桃色缤纷（Peach Crush）

材料：　　1.5盎司蜜桃酒　　2盎司酸甜汁　　2盎司杨梅汁　　　车厘子装饰

载杯：海波杯

调法：将上述原料倒入加有冰块的美式调酒壶内，摇匀后滤入海波杯中，配以吸管，以车厘子装饰即可。

9．椰林飘香（Pina Colada）

材料：　　1盎司白朗姆酒　　3盎司菠萝汁　　1.5盎司椰奶　　　0.5盎司柠檬汁
　　　　　柠檬、车厘子装饰

载杯：特饮杯

调法：将上述原料（柠檬、车厘子除外）倒入加有冰块的美式调酒壶内，摇匀后滤入特饮杯中，以柠檬、车厘子装饰即可。

10．雪球（Snow Ball）

材料：　　0.5盎司白兰地　　　0.5盎司白可可酒　　　0.5盎司柠檬汁　　　1盎司金酒
　　　　　七喜适量

载杯：特饮杯

调法：将白兰地、白可可、柠檬汁、金酒、冰块放入美式调酒壶中摇匀倒入特饮杯中，再用七喜兑至八分满即可。

【任务评价】

自制鸡尾酒实训项目的评估标准及其评估分值

评估指标	基本完成评估标准 评估分值60分	达到要求评估标准 评估分值40分	评估成绩100分
调酒师仪容仪表10分	服饰干净整洁符合工作要求3分 面部干净，发型整洁3分	面带微笑，自信大方4分	
鸡尾酒命名10分	与鸡尾酒相匹配的命名6分	名称优雅，耐人寻味4分	
鸡尾酒组成20分	六部分齐全6分 组成科学合理6分	色彩和谐4分 口感良好，卫生健康4分	
鸡尾酒制作方法20分	运用方法得当6分 操作步骤规范6分	动作优美4分 表现力强，互动性强4分	
鸡尾酒载杯10分	选择杯具正确3分 载杯干净卫生3分	造型美观2分 载杯品质优越2分	
鸡尾酒装饰10分	装饰物环保卫生3分 造型美观3分	装饰物与酒名和谐统一4分	
鸡尾酒口感10分	口感良好，符合大部分人要求6分	口感纯正，耐人回味4分	
工作台状况10分	各种器具、设备摆放整齐规范6分	工作台干净，一尘不染4分	

思考与练习题

1．鸡尾酒的概念是什么？其分类方法有哪些？

2．举例说明鸡尾酒的常用调制方法及其特点。

3．写出5种以金酒为基酒的鸡尾酒配方及其调制方法。

4．写出3种以伏特加为基酒的鸡尾酒配方及其调制方法。

5．写出2种以特基拉酒为基酒的鸡尾酒配方及其调制方法。

项目五

酒吧成本控制

■ 项目概述

　　酒吧的经营者虽然不像餐饮经营管理那样复杂与繁琐，但也有许多细节问题不容忽视，学习并掌握这些细节对学生和从业者都是很重要的。酒吧的日常管理主要包括酒吧的人员配备及工作安排、酒吧的质量管理等几项内容。其中酒吧的人员配备应根据酒吧的工作时间和酒吧的营业状况来掌握，酒吧的工作安排也应根据营业状况采取轮休制，合理安排工作班次。酒吧的质量管理应从每日工作检查表、酒吧的服务与供应、酒吧工作报告三方面着手。酒水的成本控制对经营成败起着决定性的作用，要求调酒师要了解酒水的成本率并能从中调节指导酒吧营业。

■ 项目学习目标

了解酒吧日常管理的主要内容

了解人员的配备与工作安排

掌握酒吧的质量管理

掌握酒水的采购控制、验收控制、饮料的库存与发放

了解饮料的损耗控制

■ 项目主要内容

● 酒吧日常管理

　酒吧人员的配备与工作安排

　酒吧的质量管理

● 酒水的成本控制

　饮料采购控制

　酒水的验收控制

　酒水的库存与发放

　酒水的损耗控制

<table>
<tr><td>任务</td><td></td></tr>
</table>

设计酒水成本控制方案

【任务设立】

要求学生全面了解酒吧管理，酒水成本控制的重要性，在此基础上完成一篇约2000字的酒吧成本控制方案。

要求方案科学合理，有可行性。方案详略得当，条理清晰，突出重点。书面排版规范。

【任务目标】

让学生认识成本控制的重要性。

让学生掌握控制成本的方法。

提高学生写作水平。

【任务要求】

要求教师推荐参考资料，指导学生创造方案，确保方案的可用性。

要求学生分组，实地考察，寻找漏洞。翻阅资料，了解方案书写格式。

【理论指导】

一、酒吧的人员配备与工作安排

（一）酒吧人员的配备

酒吧的人员配备根据两项原则，一是酒吧工作时间，二是营业状况。酒吧的营业时间多为上午11点至凌晨1点，上午几乎没有客人光顾，下午客人也不多，从傍晚到午夜是营业高潮时间。营业状况主要看每天的营业额及供应酒水的杯数。一般的主酒吧（座位在30个左右）每天可配备4～5人。酒廊或服务酒吧可按每50个座位每天配备调酒师2人；如果营业时间短，可相应减少人员配备。餐厅或咖啡厅每30个座位每天配备调酒师1人。营业状况繁忙时，可按每日供应100杯饮料配备调酒师1人的比例，如某酒吧每日供应饮料450杯，可配备调酒师5人，以此类推。

（二）酒吧工作安排

酒吧的工作安排是指按酒吧日工作量的多少来安排人员。通常上午时间，只是开吧和领货，可以少安排人员；晚上营业繁忙，所以多安排人员。在交接班时，上下班的人员必须有半小时至一小时的交接时间，以清点酒水和办理交接班手续。酒吧采取轮休制。节假日可取消休息，在生意清闲时补休。工作量特别大或营业超计划时可安排调酒师加班加点，同时给予足够的补偿。

二、酒吧的质量管理

（一）每日工作检查表（Check List）

用以检查酒吧每日工作状况及完成情况。还可按酒吧每日工作的项目列成表格还可根据酒吧实际情况列入维修设备、服务质量、每日例会、晚上收吧工作等。由每日值班的调酒师根据工作完成情况填写签名。

表2-5-1　每日检查表

项目	完成情况	备注	签名
领货			
酒吧清洁			
补充酒杯			
更换布单			
冰冻酒水			
早班清点酒			
酒吧摆设			
准备装饰物和配料			
稀释果汁			
领佐酒小吃			
摆台（酒水单、花瓶、烟灰缸）			
电器设备工作状态			
取冰块			

日期：　　年　　月　　日

（二）酒吧的服务、供应

酒吧经营能否成功，除了本身装修格调外，主要取决于调酒师的服务质量和酒水的供应质量。首先服务要礼貌周到，面带微笑。微笑不但能给客人以亲切感，而且能解决许多麻烦事情；其次要求调酒师训练有素，对酒吧的工作酒水牌的内容都要熟悉，操作熟练，能回答客人有关酒吧及酒水牌的问题。高质量的酒吧服务员既要热情主动，又要按程序去做。供应质量是一个关键，所有酒水都要严格按照配方要求，绝不可以任意取代或减少分量，更不能使用过期或变质的酒水。特别要留意果汁的保鲜时间，保鲜期一过绝不可使用；所有汽水类饮料，在开瓶（罐）两小时后都不能用以调制饮料；凡是不合格的饮品不能出售给客人。

（三）工作报告

酒水员要完成每日工作报告。内容主要有五项：营业额、客人数、平均消费、操作情况和特殊事件。根据"营业额"可以看出酒吧当天的经营及盈亏情况；根据"客人人数"可以看出座位的使用率与客源情况；根据"平均消费"可以看出酒吧成本和营业额的关系。酒吧里经常有许多意想不到的情况和突发事件，要妥善处理，登记在册，并视情况及时上报。

（四）防止工作中的各种漏洞

1．单据漏洞

（1）单据领用无记录　单据一旦丢失或出现问题没有责任者，无法查证。建立领取记录。

（2）单据无人核对号码，数量　在使用后如发现无人核对，会有侥幸心理的员工使用这样的漏洞进行作弊，而因无人查点而瞒天过海，可成立日审部门，进行每日的核对单据工作。

（3）单据化单脚不规则　单据如果化单脚不规则，容易在使用后被人继续填写品种进行贪污。

而因接手的人过多而无法进行查证，而让多人分担此后果。按规定填写酒水单。

2．服务员作弊

（1）借用酒水　服务员向熟悉的吧台人员借用酒水进行销售。吧台酒水不外借，违者重罚。

（2）剩余酒水　服务员将客人结完账单后的酒水私藏，转手卖给客人，获取利润。客人结完账后，应请主管级以上人员进行检查，将剩余酒水返还酒吧。

（3）服务员存酒　将剩余酒水找人代签后存放吧台，另日贩卖。吧台只存放高级酒类，一省空间，二以免给服务人员有机可乘，另由主管请客人签字后送吧台存放。

（4）服务员私带酒水、香烟进场　带入后进行贩卖而获利润。在员工进场前由保安与主管级以上人员进行检查、监督，包括带入的与本公司相同品牌的香烟。

（5）哄抬物价，赚取差价　没有把酒单给客人，虚报物价。每桌要求必须放置酒水单，客人来后也需留有一份酒牌。

3．服务员、吧台联合作弊

（1）利用返还酒水　吧台将客人剩余酒水重新利用，不再进行登记入账，与服务员进行二次销售。应建立返还登记本，厅面的主管与酒吧主管共同签字做实。

（2）利用过期存酒　吧台人员将已存放过期的酒水拿出，给服务员进行销售。一是只存放高级酒类；二是酒吧主管定期检查存酒，进行登记上报处理。

（3）借取服务员酒水　有预谋的使用"我出酒你售卖"的方法来谋取利润，酒吧主管在收市后进行酒水每日盘点，如发现缺少，按公司销售价格当日补足。

（4）将返还的剩余开瓶酒水进行勾兑与服务员再次进行销售，酒吧主管与厅面的主管联合监督服务员不可将开瓶酒水返还酒吧，另外，酒吧主管收市盘点时，若发现有盘点后，有盈余的酒水，应立即登记入账。

（5）可多次使用或无账物品　如鲜花、冰块等，不使用单据而直接出品，吧台主管与厅面的主管应经常保持沟通与监督。

4．收银员、服务员联合作弊

（1）退酒水　在客人埋单后，有剩余酒水未及时返还酒吧，通过收银员、酒吧服务员，退掉酒水，获取利润。收银员在客人埋单后立即封单，如需要更改，必须有主管的签字，主管须与厅面的主管、酒吧主管先行取得共识。

（2）作废单据　将结完账后的单据作废，用剩余的酒水或其他酒水顶替返还酒吧，共同分享利润。酒吧主管、厅面的主管应及时监督检查。

三、酒吧的成本控制

利润是酒吧经营的目的。要获得利润则需要有周密的计划，在计划的基础上实现对整个过程的控制，使经营取得成功。但若不很好地控制成本，则不仅不可能获得利润，反而有可能连经营者的投资也丧失殆尽。酒吧经营就是如此，饮料成本控制是酒吧经营者的主要职责之一，因此，应当制定饮料采购、检收、储存、领发、生产和销售控制标准及程序，以期获取高额利润。

（一）饮料采购控制

饮料采购控制的主要目的是保证饮料产品生产所需的各种配料的适当存货，保证各种配料的质量符合要求，以及保证按合理的价格进货。

饮料采购控制的关键是确定标准和标准程序，确定采购的计划、范围、品种、数量、价格和地点等内容。在做出采购决策之前，酒吧管理者必须首先确定本企业的酒水需求量。

1．酒吧原料采购计划

（1）酒吧采购范围　酒吧采购工作的范围应包括以下几个方面。

① 常用各类设备。

② 酒吧日常用品、低值易耗品。

③ 各类酒类。

④ 酒吧调酒所需配料。

⑤ 各类饮料。

⑥ 各类水果。

⑦ 酒吧供应的小食品。

⑧ 各类调味品。

⑨ 杂项类。

（2）酒单与采购品种

① 酒单确定了酒品采购的种类：不同类型的酒吧有着不同的酒单，酒单的内容直接与饮料的供应和采购有关。根据酒单，酒吧酒品采购一般包括以下几大类。

• 餐前开胃酒类、鸡尾酒类、白兰地、威士忌金酒、朗姆酒、伏特加酒、啤酒类、葡萄酒、软饮料、咖啡、茶等热饮小食品类、果饼类。

• 酒吧小食品常见的有饼干类、坚果类、蜜饯类、肉干、鱼片及一些油炸小食品和三明治等快餐食品等。

② 饮品采购的基本要求

• 保持酒吧经营所需的各种酒水及配件的适当存货。

• 保证各种饮品的质量符合要求。

• 保证按合理地价格进货。

2. 原料采购数量计划

（1）影响采购数量的因素　为了避免出现采购数量过多或过少引起的问题，要确定一个适中的采购数量，这就要求酒吧的经营者必须明确影响采购数量的因素。

① 销售的数量：如在旺季，需要较多的原料，故需增大采购批量；而在酒水、食品销售数量减少，经营不景气时，则可压缩采购数量。在不同的季节，客人对某一品种的需求不同等。

② 仓储设施的储藏能力：冷冻、冷藏空间的大小决定了采购数量的多少。

③ 企业的财政状况：企业经营较好时，可以适当增大采购量。而资金紧缺时，则精打细算，适当减少采购量，加速周转。

④ 采购地点：如果采购地点较远，可以增加批量，减少批次，这样可以节省采购费用，防止意外的原料断档。如果采购地点较近，采购方便，则可以减少批量。

⑤ 原料的内在特点：在经济发达地区，原材料的市场供应比较稳定，企业在决定采购数量时，完全可以按照其消耗速度和供货天数来计算。

⑥ 市场供求状况的稳定程度：在经济发达地区，原材料的市场供应比较稳定，企业在决定采购数量时，完全可以按照其消耗速度和供货天数来计算；而在市场供应不稳定的地区，有些原材料忽多忽少，甚至几天买不到货，在这种情况下，可以一次多进货，防止用完时买不到。

⑦ 供货单位可能会规定供货的最低金额或最小重量及包装。

⑧ 储存期：酒吧所购进酒水时按其基本特点和储存的要求分别在不同的温度和湿度条件下储存。各种酒水的储存期不同：桶装鲜啤酒只能储存相当短的一段时间，果酒和葡萄酒可储存时间稍长一些，而威士忌酒等烈酒却可长期储藏。一般说来，酒水可按储存期的特点来进货，并可以在进货之后在储藏室保存至生产需要时为止。酒水进货次数是由一系列因素决定，例如，对酒水存货可以占用资金数额的规定、进货难易、交货时间等。

⑨ 常量：除了确定定期订货的日期外，经营人员还应根据经验、使用等方面来控制常量。

（2）采购数量确定　一般情况下，采购数量的控制应注意以下几点。

① 最低存货点。

② 最高存货点。

③ 时鲜水果、易变质品种采购数量的确定：这类原料一般容易变质不可久存，购入后，应在较短的时间内使用，每次采购的数量可以根据下面的公式确定：

$$应采购数量 = 需使用数量 - 现有数量$$

④ 瓶酒、罐装食品采购数量的确定：这类品种不易变质，但也并不意味着可以大批量采购，通常是使用常量存货，使库存保持在一个适当的水平。

（3）原料采购量　一般情况下，酒水可分为定制品牌和通用品牌两种类型。在建立品质标准时，通用品牌的选择是一个重要步骤。只有在客人具体说明需要哪一种牌子的酒时，才供应定制品牌；客人未说明需要哪一种牌子，则供应通用品牌。如果一位客人只讲明要一杯金汤力，就供应通用品牌。如客人讲明要某一种牌子的威士忌加苏打水，就应给他斟上一杯由他指定牌子的酒水。企业通常的做法是：先从各类烈酒选择一种价格较低或价格适中的牌子，作为通用品牌，其他各种牌子的烈酒作为定制品牌。各个企业的客人和价格结构不同，因此各个酒吧选择的通用品牌也不同。选择通用品牌是酒水师管理人员确定质量标准和成本指标的第一步。要确定酒水的质量，管理人员需考虑价格、客人的偏爱、年龄、酒水的销路等一系列因素。大多数人会认为25年的苏格兰威士忌是优质酒，而各种杜松子酒是质量较低的酒水。但是，除质量最高和最低的酒水之外，人们对其他各种酒水的质量往往有不同的看法。因此，确定酒水的质量，就成为各个酒吧管理人员应做出的一项决策。

① 质量标准的形式与内容：要保证酒吧提供的产品在质量上始终如一，就必须对产品进行质量标准，而关键则在于采购时的控制，即要求原材料在质量上始终如一。原料的质量标准制定是保证成品质量的前提条件。

首先应清楚质量标准的含义。所谓采购原料的质量标准，或称规格标准，是指特殊需要，对所要采购的各种原料做出的详细而具体的规定，如原料产地、等级、性能、大小、个数、色泽、包装要求等。当然，并不是所有的原料都要有一个质量标准，但对于那些成本较高的原料，酒吧应制定其质量标准，以指导采购，避免浪费。

② 采用质量标准的作用：采用质量标准，可以把好采购关，防止采购人员盲目地或不恰当地采购，以便于产品质量的控制。应把采购质量标准分发给有关货源单位，能使供货单位掌握酒吧的质量要求，避免可能产生误解和不必要的损失，便于采购的顺利进行。订货时，没有必要向供货单位重复解释原料的质量要求，如有可能应将某种原料的质量标准分发给几个供货单位，这样有利于引起供货单位之间的竞争，使酒吧有机会选择最优价格，也有利于原料的验收，同时，可以防止采购部门与原料使用部门之间可能产生的矛盾，有助于做好领料工作，提高调酒师的工作效率，减少浪费。

（二）酒水的验收控制

验收是酒水采购的一个重要环节。做好验收工作，可以防止接收容易变质的食品饮料，及时验收入库可防止原料无人看管，而发生丢失。因此，安全是建立酒水控制的关键因素之一，无论酒水还是食品，都应储存在安全的区域以防止偷窃。

1. 酒水验收

（1）酒水验收事项

① 到货数量和订购单、发货票上的数据一致：收货部应得到有关进货的详细信息。无论是哪个进货部门，向收货部提供一份采购清单，通常是最简单、最实用的一种方法。收货部应根据订购单核对货票上的数量牌和价格。如果有不一致之处，验收员应根据经营人员的要求做好记录。无论出现什么问题，验收员都应汇报，请示解决。

收货部的一项主要工作是核对到货数量和发货票上的数量是否一致。验货员必须仔细清点瓶数、桶数、箱数。如果按箱进货，验货员应开箱检查瓶数是否正确。如果验收员了解整箱饮料的重量，也可以通过称重量检查。如果瓶子密封，验收员还应抽查是否已启封。

② 核对货票上的价格与订单上的价格是否一致。

③ 检查饮料质量：收货部应通过检查烈酒的度数、葡萄酒的年份、小桶啤酒的颜色、碳酸饮料的保质期等检查饮料的质量是否符合要求。如果在验收之前，瓶子已经破碎，送来的饮料不是定购的牌号，或者到货数量不足，验收员应填写货物差误通知单。如果没有货票，验收员应根据实际货物数量和定购单上的单价填写无购物发票收货单。验收之后，验收员应在每张发货票上盖上验收章，并签名。然后，立即将饮料送到储藏室。验收之后，验收员还应根据发货票填写验收日报表，然后送记账组，以便边在进货日记账中入账。

（2）酒水验收日报表　酒水验收日报表是一种会计资料。由于各个企业的会计事物不同，因而酒水验收日报表的具体内容也有所不同。一般情况下，各个酒吧最好根据自己的情况需要，分别编制酒水验收日报表。

2．退货与报损

（1）收货部应根据验收细则严格验收，如发现规格、质量、数量等问题，应拒绝收货。

（2）收货人如发现不适宜本申购规格的，可直接通知采购部与供货商联系，办理退货、换货手续。

（三）酒水的库存与发放

收货部收到进货后，应立即通知库房管理员，尽快将所有酒水送到库房进行保管。在大型饭店里，可能会有几个酒吧，除了大型库房之外，各个酒吧也可以有小库房。在这类企业里，为了便于做好控制工作，所有酒水仍应通过大库转领到各自的服务酒吧。

安全措施是酒水控制的一个关键因素。在小型酒吧里，酒水库房的钥匙由酒吧经理保管；在大中型企业里，则可能由同时负责食品原料与酒水储藏保管工作的库房主管保管；为了加强控制、明确责任，钥匙除了库房主管掌管外，还有一把放在保险柜内，只有高层经营管理人员可以使用。

小型单独的酒吧酒水库房应靠近酒吧，可以减少分发饮料的时间。此外，饮料库房常设在容易进出，便于监视的地方，以便发料，并减少安全保卫方面的问题。酒库的设计和安排应讲究科学性。理想的酒库应符合以下几个基本条件。

1．有足够的储存和活动空间

酒库的储存空间应和企业的规模相称。地方过小，自然会影响到酒品储存的品种和数量。长存酒品和暂存酒品应分别存放，储存空间应与之相适应。

2．通风良好

通风换气的目的在于保持酒库中有较好的空气，如果酒精挥发过多而使空气不流通，会使易燃气体聚积，这是很危险的。

3．保持干燥

酒库相对干燥的环境，可以防止软木塞的霉变和腐烂，防止酒瓶商标的脱落和质变；但是过分干燥可能引起瓶塞干裂，造成过分挥发、氧化。

4．隔绝自然采光和照明

自然光线，尤其是直射日光容易引起酒的变质，自然光线还可能使酒氧化的过程加剧。造成酒味寡淡、酒液浑浊、变色等现象。酒库最好采用电灯泡照明，其强度应适当控制。

5．防震动和干扰

震动和干扰容易引起酒品的早熟，有许多名贵的酒品在长期受震后（运输震动）常需"休息"两个星期，方可恢复原来的风格。

6．清洁卫生

饮料库房内部应保持长期清洁卫生。饮料开箱后，所有饮料都应取出，存到适当的架子上去。

7．库房的温度

饮料库房应保持适当的温度。软木塞的葡萄酒瓶应横放，以防止瓶塞干缩而引起变质。一般说，红葡萄酒的储藏温度是13℃左右。如果可能，白葡萄酒和香槟酒的储藏温度应略低些，为8℃左右。在可能的条件下，啤酒和配制酒的储存温度应保持在5℃左右，特别是小桶啤酒，要防止变质，更应保持在5℃左右的储存温度。

（四）酒水的损耗控制

在酒品的销售过程中，由于调酒师不当的酒品调制，或是服务员操作失误等原因，通常会造成酒水一定程度上的无谓损失，这将会削减酒吧的利润。如果实行一系列的标准化管理，便可以使损失降到最低。其中，掌握测量损失的方法是必不可少的控制手段。通常情况下，酒吧采用三种测量的方法来控制损耗。

1．成本百分比法

在指定的时间内，比较消耗与消费的酒品成本，得出的百分比数字，再与标准的成本百分比数比较。这一方法要求酒吧应有营业前、后的实际库存数，以及营业期内的酒品购入量。

（1）先求出指定时期内可供销售的酒品值X，X＝营业前库存＋购进值

（2）求出指定时期内消耗酒品的成本 ＝ X － 营业后库存值

（3）求出指定时期内酒吧成本百分比 ＝ 消耗酒品成本÷总销售值

因为啤酒、葡萄酒、和烈酒不同，所以必须分别计算它们的成本百分比（成本百分比＝成本÷售价）将它与计划的或标准的成本百分比相比较，也可以与前期的同类数字比较，如果比标准成本百分比高0.5%以上，应找出原因。为了及时查找原因，酒吧管理者应每天或每星期核对库存量，并计算成本百分比。

2．盎司法

与成本百分比的原理相同，只是用盎司数来测量浪费的数量。

（1）求出消耗盎司量 ＝ 营业前库存量 － 营业后库存量

（2）求出消耗的盎司总量　根据账单，计算出每一类酒品的销售次数，然后分别与每种饮品的盎司数量相乘，便得到每一类饮品的盎司量，最后，将各类饮品盎司量加总，就是销售的盎司总量。

（3）求出浪费数量 ＝ 消耗的量（盎司）－ 销售的量（盎司）

每个酒吧对浪费数量都有一个允许范围，据此标准衡量，以使浪费控制在最低点。

3．潜在销售值法

所谓潜在销售值就是没有任何浪费的理想销售值。可以利用标准的饮品数量、零售价和每瓶酒的容量来计算。例如：某一种酒品，标准用量为每份1盎司，售价15元，每瓶容量是33.8盎司；那么，潜在的销售值便是15元×33.8。但是，实际情况要复杂得多。

部分酒吧销售不止一种饮料，价格不一，所以潜在销售值要根据诸多变量来判断，只能采用加权平均法计算近似值。下面以金酒为例说明。

假定某酒吧供应3种含金酒的混合酒品。

（1）计算出每份金酒的平均量

酒名	销售份数	销售量（盎司）
Gimlet（1.5盎司）	10	15
Martini（2盎司）	40	80
Gin Tonic（1.5盎司）	12	18
总计	62	113

每份金酒的平均用量 ＝ 113盎司 ÷ 62份 ＝ 1.82盎司／份

（2）每瓶金酒所卖份数

每瓶金酒所卖份数 ＝ 33.8盎司 ÷ 1.82盎司／份＝18.57份

（3）每份金酒的平均价格

酒名	销售份数	销售额（元）
Gimlet（1.5盎司）	10	100
Martini（2盎司）	40	600
Gin Tonic（1.5盎司）	12	120
总计	62	820

金酒平均售价＝ 820元 ÷62份＝13.22元／份

（4）每瓶金酒的潜在销售值

每瓶金酒的潜在销售值＝13.22元／份×18.57份＝247.9元

最后，与实际销售价比较：实际销售值应与潜在销售价相等。用加权平均法计算的潜在销售值是在瓶装烈酒成本、售价保持不变的前提下进行的，一旦发生变化还需重新计算。

项目小结

本项目主要介绍了酒吧的日常管理工作，包括酒吧的人员配备及工作安排、酒吧的质量管理等几项内容。酒吧的质量管理应从每日工作检查表、酒吧的服务与供应、酒吧工作报告三方面着手。要求调酒师会掌握酒水的成本控制。

实验实训

实训1：到酒吧去了解酒吧经营者是如何进行成本控制的。

实训2：某酒吧当月总计酒水成本为15505元，当月酒水的总营业额为78980元，酒吧规定成本率为20%，分析酒水的成本控制是否合乎标准。

【任务评价】

酒吧成本控制方案写作训练的评估标准及其评估分值

评估指标	基本完成评估标准 评估分值60分	达到要求评估标准 评估分值40分	评估成绩100分
写作要求50分	联系企业实践15分 上升自我认识10分 版面美观5分	条理清晰10分 详略得当10分	
方案内容50分	方案操作符合企业实际情况15分 方案观点鲜明，重点突出15分	方案具有突破性10分 实施方案效果显著10分	

思考与练习题

1．酒吧每日工作报告包括哪几项内容？

2．如何进行酒水成本控制？

3．酒吧质量管理包括哪几个方面的内容？

4．如何进行酒吧的人员配备？

项目六
水果拼盘的制作

■ 项目概述

    水果拼盘是切与雕的结合，讲究艺术造型与刀法的应用。它不同于简单的水果盛装，也有别于中餐食品雕刻。水果拼盘最早出现在酒吧、KTV等娱乐场所。餐饮业发展迅速，人们对饮食要求也越来越高，在中餐中水果拼盘也已经很普遍。本项目主要是介绍水果拼盘的制作。

■ 项目学习目标

了解、认识制作水果拼盘的工具和原材料
掌握几种水果拼盘的具体操作方法

■ 项目主要内容

学会制作简单的水果拼盘

制作一款水果拼盘

【任务设立】

要求学生全面了解制作水果拼盘的常用工具和原料，在此基础上设计制作一款水果拼盘，并进行制作。

要求学生为水果拼盘命名，并赋予寓意。

【任务目标】

让学生掌握水果拼盘的制作方法。

提高学生的想象力、创造力，制作一款造型美观、营养丰富的水果拼盘。

【任务要求】

要求先教师示范，然后学生练习，教师现场指导，确保学生动作规范，设备器具使用安全。

要求学生分组，收集资料，设计造型，色彩、图案搭配和谐。

要求学生动作规范，操作顺序合理；耐心细致，注意细节。

要求模拟酒吧配备各种器具和设备。

【理论指导】

一、水果拼盘常用工具

"工欲善其事，必先利其器"。合理的工具，对水果拼盘的制作起到更好的帮助，水果拼盘在制作过程中所使用的工具主要有以下几种。

1. 水果刀——用于切水果的主要工具（图2-6-1）。

2. 手刀——用于水果雕刻装饰的工具（图2-6-2）。

3. 挖球器——根据需要将水果制作成球形的工具（图2-6-3）。

4. 削皮刀——水果去皮工具（图2-6-4）。

5. 戳刀——修理纹路、线条主要工具（图2-6-5）。

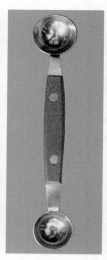

图2-6-1　水果刀　　　　图2-6-2　手刀　　　　图2-6-3　挖球器

二、水果拼盘常用的原材料

合理使用原料是制作水果拼盘的前提。要做好水果拼盘，对原料知识的掌握是必不可少的，下面主要介绍制作水果拼盘常用水果的特性及其风味营养。

1. 奇异果

奇异果学名：猕猴桃，富含维生素C、维生素A、维生素E以及钾、镁、纤维素，还含有其他水果中很少见的营养成分——叶酸、胡萝卜素、钙、黄体素、氨基酸、天然肌醇，因而被营养师称之为"营养活力的来源"（图2-6-6）。

 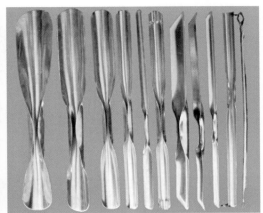

图2-6-4　削皮刀　　　　　　图2-6-5　戳刀

2. 哈密瓜

哈密瓜为甜瓜的一大类，品种很多，果实较大，果肉香甜，多栽培于新疆一带，哈密瓜有"瓜中之王"的美称，含糖量在15%左右，形态各异，风味独特，有的带奶油味，有的含柠檬香，但都味甘如蜜，奇香袭人，享誉国内外（图2-6-7）。

3. 西瓜

西瓜别名：夏瓜、寒瓜、青门绿玉房。果肉脆嫩，味甜多汁，含有丰富的矿物盐和多种维生素，是夏季主要的消暑果品。西瓜清热解暑，对治疗肾炎、糖尿病及膀胱炎等疾病有辅助疗效（图2-6-8）。

4. 圣女果

圣女果又称珍珠小番茄、樱桃小番茄，既可以当作蔬菜，又可以当作水果，也可以做成蜜饯。果实直径1～3厘米，鲜红碧透（另有中黄、橙黄、翡翠绿等颜色的新品种），味清甜、无核、口感好、营养价值高且风味独特，既可食用也可观赏，深受广大消费者的青睐（图2-6-9）。

5. 火龙果

火龙果本名青龙果、红龙果。原产于中美洲热带。火龙果营养丰富、功能独特，它含有一般植物少有的植物性蛋白及花青素，丰富的维生素和水溶性膳纤维（图2-6-10）。

6. 葡萄

葡萄属葡萄科植物葡萄的果实。为落叶藤本植物，是世界最古老的植物之一。葡萄含糖量高达10%～30%，以葡萄糖为主。葡萄中的大量果酸有助于消化，适当多吃些葡萄，能健脾和胃。葡萄

图2-6-6　奇异果　　　　　图2-6-7　哈密瓜　　　　　图2-6-8　西瓜

图2-6-9 圣女果

图2-6-10 火龙果

图2-6-11 葡萄

图2-6-12 苹果

图2-6-13 柠檬

图2-6-14 杨桃

中含有矿物质钙、钾、磷、铁以及多种维生素B_1、维生素B_2、维生素B_6、维生素C和维生素P等，还含有多种人体所需的氨基酸，常食葡萄对神经衰弱、疲劳过度大有裨益。把葡萄制成葡萄干后，糖和铁的含量会相对高，是妇女、儿童和体弱贫血者的滋补佳品（图2-6-11）。

7. 苹果

苹果古称柰，又叫滔婆，酸甜可口，营养丰富，是老幼皆宜的水果之一。它的营养价值和医疗价值都很高，被越来越多的人称为"大夫第一药"。许多美国人把苹果作为瘦身必备品，每周节食一天，这一天吃苹果，号称"苹果日"（图2-6-12）。

8. 柠檬

柠檬中文别名：柠果、洋柠檬、益母果。因其味奇酸，肝虚孕妇最喜食，故称益母果或益母子，它富含维生素C、柠檬酸、苹果酸、高量钾元素和低量钠元素等，对人体十分有益（图2-6-13）。

9. 杨桃

杨桃别名：五敛子、阳桃、洋桃、三廉子，是一种水分很多的水果，鲜果可溶性固性物为9%。每100克可食部分含糖类6.2克，维生素C7毫克，内含蔗糖、果糖、葡萄糖、苹果酸46.8克、草酸7.2克、柠檬酸及维生素B_1、维生素B_2以及钙、钾、镁、微量脂肪和蛋白质等各种营养素，是一种营养成分较全面的水果（图2-6-14）。

10. 橙子

橙子又名"黄果""金环"，为芸香科植物香橙的果实，原产于中国东南部，是世界四大名果之一。橙子分甜橙和酸橙，酸橙又称缸橙，味酸带苦，不宜食用，多用于制取果汁，很少鲜食。鲜食以甜橙为主（图2-6-15）。

11. 龙眼

龙眼俗称"桂圆"，是我国南亚热带名贵特产，历史上有南"桂圆"北"人参"之称。龙眼果实富含营养，自古受人们喜爱，更视为珍贵补品，其滋补功能显而易见（图2-6-16）。

12. 荔枝

荔枝为无患子科植物荔枝的果实，别名丹荔、丽枝。因果肉晶莹剔透如白玉，果形如旧时代小

图2-6-15　橙子

图2-6-16　龙眼

图2-6-17　荔枝

图2-6-18　草莓

图2-6-19　香蕉

图2-6-20　柚子

姐用的荷包袋，俗称"玉荷包"。果实呈心脏形或球形，果皮具多数鳞斑状突起，呈鲜红、紫红、青绿或青白色，果肉新鲜时呈半透明凝脂状，多汁，味甘甜（图2-6-17）。

荔枝含有丰富的糖分、蛋白质、多种维生素、脂肪、柠檬酸、果胶以及磷、铁等，是对人体有益的水果。

13. 草莓

草莓别名：洋莓、地莓、地果、红莓、士多啤梨等，是蔷薇科植物草莓的果实，多年生草本植物，花白色。原产南美、欧洲等地，现在我国各地都有草莓栽培，也有野生品种（图2-6-18）。

14. 香蕉

香蕉为芭蕉科（Musaceae）芭蕉属（Musa）植物，又指其果实，是重要的粮食作物之一，热带地区广泛栽培食用。香蕉味香、富有营养，终年可收获，在温带地区也很受重视。香蕉营养高、热量低，含有称为"智慧之盐"的磷，又有丰富的蛋白质、糖、钾、维生素A和维生素C，同时膳食纤维也多，是相当好的营养食品（图2-6-19）。

15. 柚子

柚子别名：柚、雪柚，柚子清香、酸甜、凉润，营养丰富，药用价值很高，是人们喜食的名贵水果之一（图2-6-20）。

16. 梨

梨为蔷薇科植物，多分布在华北、东北、西北及长江流域各省。8～9月间果实成熟时采收，鲜用或切片晒干。

主要品种有秋子梨、白梨、沙梨、洋梨四种。秋子梨分布在华北及东北各省，果实圆形或扁圆形。梨即"百果之宗"。因其鲜嫩多汁，酸甜适口，所以又有"天然矿泉水"之称（图2-6-21）。

17. 菠萝蜜

菠萝蜜又名苞萝、木菠萝、树菠萝、大树菠萝、蜜冬瓜、牛肚子果，隋唐时从印度传入中国，称为"频那挲"（梵文Panasa 对音），宋代改称菠萝蜜，沿用至今。是世界著名的热带水果，菠萝蜜是世界上最重的水果，一般重达5～20千克，最重超过50千克，果实肥厚柔软，清甜可口，香味浓

图2-6-21 梨

图2-6-22 菠萝蜜

图2-6-23 石榴

郁，被誉为"热带水果皇后"（图2-6-22）。

18. 石榴

石榴科植物石榴的果实。原产于西域，汉代传入我国，主要有玛瑙石榴、粉皮石榴、青皮石榴、玉石子等不同品种。成熟的石榴皮色鲜红或粉红，常会裂开，露出晶莹如宝石般的子粒，酸甜多汁，虽吃着麻烦，却回味无穷。因其色彩鲜艳、子多饱满，常被用作喜庆水果，象征多子多福、子孙满堂。石榴成熟于中秋、国庆两大节日期间，是馈赠亲友的喜庆吉祥佳品。石榴能消除女性更年期障碍（图2-6-23）。

19. 枇杷

枇杷是我国南方特有的珍稀水果，福建省云霄县被誉为中国枇杷之乡，秋日养蕾，冬季开花，春来结子，夏初成熟，承四时之雨露，为"果中独备四时之气者"；其果肉柔软多汁，酸甜适度，味道鲜美，被誉为"果中之皇"（图2-6-24）。

20. 木瓜

木瓜别名：番木瓜、番瓜、石瓜、蓬生果、乳瓜、木冬瓜、万寿果、万寿匏、奶匏。浆果大，长圆形，熟时橙黄色；果肉厚，黄色。果实、种子及叶均可入药。果实含水分90%、糖5%～6%、少量的酒石酸、枸橼酸、苹果酸等。种子含脂肪油25%。叶含番木瓜碱及番木瓜甙、胆碱等（图2-6-25）。

21. 番石榴

番石榴别名：芭乐、鸡屎拔（《植物名实图考》），又名：秋果（《南越笔记》）、鸡矢果（《植物名实图考》）、林拔、拔仔、椰拔、木八子、喇叭番石榴、番鬼子、百子树、罗拔、花稔、饭桃、番桃树、郊桃、番稔。营养丰富，维生素C含量非常高。果实具有治疗糖尿病及降血糖的药效，叶片也可治腹泻。果实除鲜食外，还可加工成果汁、浓缩汁、果粉、果酱、浓缩浆、果冻等（图2-6-26）。

22. 樱桃

樱桃别名：车厘子、莺桃、荆桃、楔桃、英桃、牛桃、樱珠、含桃、玛瑙。樱桃成熟时颜色鲜红，玲珑剔透，味美形娇，营养丰富，医疗保健价值颇高，又有"含桃"的别称。我国作为果树栽

图2-6-24 枇杷

图2-6-25 木瓜

图2-6-26 番石榴

培的樱桃有中国樱桃、甜樱桃、酸樱桃和毛樱桃。樱桃成熟期早，有早春第一果的美誉，号称"百果第一枝"（图2-6-27）。

图2-6-27 樱桃

三、水果拼盘的制作

下面介绍几种果盘的制作，希望对果盘爱好者有一定帮助。

1. 盼（图2-6-28）

主要原料：西瓜、奇异果、红提、绿提、冬枣。

制作过程：

（1）将西瓜皮加工成条状，卷成弹指形，定主位；

（2）将西瓜去皮切成角形、猕猴桃切成片，围边；

（3）在空缺处填加红提、绿提、冬枣。

寓意：以"盼"为主题，代表一种期盼、盼福、盼禄及对一切美好事物的憧憬。

2. 海岛风情（图2-6-29）

主要原料：葡萄、西瓜、奇异果、杧果、金橘、苹果、火龙果、橙子、圣女果、哈密瓜。

制作过程：

（1）用西瓜皮雕刻出椰树，苹果、火龙果、橙子、杧果做陪衬，营造一份海岛风光；

（2）用西瓜、奇异果、哈密瓜做围边，圣女果、金橘、葡萄等做填充。

寓意：果盘既有海岛风光又有海岛水果做陪衬，让人感受海岛休闲的浪漫温馨，适用于休闲浪漫为主题的场合适用。

3. 蝶恋（图2-6-30）

主要原料：火龙果、杨桃、西瓜、青苹果、葡萄。

制作过程：

（1）西瓜切成长三角形，做蝴蝶最长的羽翅，同时给蝴蝶在盘中定位；

（2）用葡萄做眼睛，西瓜皮做触角，青苹果做陪衬确定蝴蝶头部；

（3）用杨桃做蝴蝶身体，火龙果成片做尾。

寓意："春花那堪几度霜，秋月谁与共孤光。痴心若遇真情意，翩翩彩蝶化红妆"。蝶恋是一种天生的爱恋，是对爱情的诠释。此果盘代表浓浓的爱恋，适用于情侣。

4. 奔（图2-6-31）

主要原料：火龙果、杨桃、葡萄、哈密瓜、圣女果、西瓜。

图2-6-28 盼

图2-6-29 海岛风情

制作过程：

（1）用西瓜皮做出轮状，定主位；

（2）哈密瓜切成块，火龙果成片，做围边；

（3）填充葡萄、圣女果，用杨桃切片做五环，象征体育精神。

寓意：以奔为主题，代表了积极进取、永不放弃的执着；代表了奥林匹克精神；是对努力进取者的一种鼓励。

5．希望（图2-6-32）

主要原料：红苹果、西瓜、哈密瓜、葡萄。

制作过程：

（1）用西瓜皮切条，卷成手指的形状，在盘中成向上托起的双手，红苹果成条做衬托；

（2）哈密瓜、西瓜围起，做底座，在空余处填上葡萄。

寓意：双手托起希望，期盼美好的未来。

6．起航（图2-6-33）

主要原料：西瓜、哈密瓜、葡萄、冬枣、奇异果、金橘、火龙果。

制作过程：

（1）用西瓜做成帆的形状，西瓜皮做装饰；

（2）用奇异果、哈密瓜、火龙果做围边，做出船身；

图2-6-30　蝶恋

图2-6-31　奔

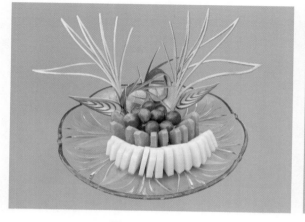

图2-6-32　希望

图2-6-33　起航

图2-6-34　小景怡情

图2-6-35　韵之味

（3）金橘、冬枣、葡萄等做填充，使其丰满。

寓意：新的征程、新的开始，向着新的目标扬帆远航。

7．小景怡情（图2-6-34）

主要原料：火龙果、西瓜、哈密瓜、葡萄、奇异果、圣女果。

制作过程：

（1）西瓜皮做出轮状及扇状，做背景；

（2）奇异果、西瓜做底；

（3）火龙果、哈密瓜围边，在空余处填圣女果、葡萄等。

寓意：简单的拼摆，营造一种典雅的风景，闲情雅致。

8．韵之味（图2-6-35）

主要原料：西瓜、哈密瓜、葡萄、冬枣、圣女果、金橘、杨桃。

制作过程：

（1）红酒杯里放圣女果及西瓜皮装饰；

（2）西瓜、哈密瓜、杨桃做围边；

（3）葡萄、冬枣、圣女果、金橘做填充。

寓意：雅致含蓄之美，风韵而雅致之美。

项目小结

　　本项目主要介绍了水果拼盘常用的工具，水果拼盘常用的原料以及利用常用原料制作了几款实用的水果拼盘。

【任务评价】

水果拼盘制作实训项目的评估标准及其评估分值

评估指标	基本完成评估标准 评估分值60分	达到要求评估标准 评估分值40分	评估成绩100分
制作者个人卫生10分	手部清洁，不留指甲6分	佩戴手套口罩等4分	
水果种类10分	品种4样以上3分 水果新鲜3分	水果质量优良4分	

评估指标	基本完成评估标准 评估分值60分	达到要求评估标准 评估分值40分	评估成绩100分
水果造型20分	制作精良，造型美观6分 造型丰富6分	摆放错落有致，极具观赏性8分	
色彩搭配10分	三种以上颜色3分 水果颜色与盘子颜色和谐统一3分	色彩有层次，极具吸引力4分	
载体选择10分	盘子造型与水果造型匹配3分 盘子干净卫生，无破损3分	盘子品质优越4分	
制作手法20分	使用刀具正确6分 手法熟练，动作娴熟6分	造型丰富4分 造型生动逼真4分	
果盘口感10分	口感良好，符合大部分人要求6分	口感纯正，耐人回味4分	
工作台状况10分	各种器具、设备摆放整齐规范6分	工作台干净，一尘不染4分	

实验实训

组织学生使用常见的水果制作几款有特色的水果拼盘。

思考与练习题

1. 西瓜、苹果分别能做什么样的主题水果拼盘？
2. 哪些水果适合于水果拼盘的围边？

参考文献

1. 吴克祥. 酒水管理与酒吧经营 [M]. 北京：高等教育出版社，2003.
2. 李祥睿. 饮品与调酒 [M]. 北京：中国纺织出版社，2008.
3. 吴玲. 调酒与酒吧服务 [M]. 北京：中国商业出版社，2004.
4. 龙凡，庄耕. 酒吧服务技能综合实训 [M]. 北京：高等教育出版社，2004.
5. 南京金陵旅馆管理干部学院. 酒水与酒吧 [M]. 北京：科学技术文献出版社，1995.
6. 北京培研国际教育有限公司. 花式调酒 [M]. 北京：中国轻工业出版社，2006.
7. 康明官. 中外名优酒产品大全 [M]. 北京：化学工业出版社，1998.
8. 贺正柏，祝红文. 酒水知识与酒吧管理 [M]. 北京：旅游教育出版社，2006.
9. [法] 费多·迪夫思吉. 酒吧圣经. 龚宇等译 [M]. 上海：上海科学普及出版社，2006.
10. 刘小红. 吧台基本服务·非酒精饮料 [M]. 重庆：西南师范大学出版社，2008.
11. 顾国贤. 酿造酒工艺学 [M]. 北京：轻工业出版社，1996.
12. 王俊玉. 葡萄酒的品评 [M]. 呼和浩特：内蒙古人民出版社，2005.
13. 徐永记. 艺术冷拼与实用果盘 [M]. 北京：中国中医药出版社，2006.
14. 马行富. 新编果盘装饰技法与应用 [M]. 沈阳：辽宁科技出版社，2005.
15. 吴莹. 时尚鸡尾酒 [M]. 成都：成都时代出版社，2009.
16. [英] 本·里德. 鸡尾酒全书. 姜琪瑶，楼青译 [M]. 杭州：浙江科学技术出版社，2008.
17. 藤宝红. 酒吧服务员 [M]. 北京：人民邮电出版社，2008.
18. 李祥瑞，陈洪华. 调酒师手册 [M]. 北京：化学工业出版社，2007.